인간은
왜 아픈 걸까?

알기 쉽게 설명한
인간의 몸과 질병의 메커니즘

쓰보이 다카시 지음
곽범신 옮김

인간은 왜 아픈 걸까?

도쿄대 인기
교양 강의를
책 한 권으로!

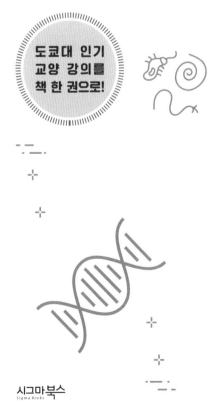

시그마북스
Sigma Books

인간은 왜 아픈 걸까?

발행일 2020년 9월 11일 초판 1쇄 발행
지은이 쓰보이 다카시
옮긴이 곽범신
발행인 강학경
발행처 시그마북스
마케팅 정제용
에디터 최윤정, 장민정, 최연정
디자인 최희민, 김문배

등록번호 제10-965호
주소 서울특별시 영등포구 양평로 22길 21 선유도코오롱디지털타워 A402호
전자우편 sigmabooks@spress.co.kr
홈페이지 http://www.sigmabooks.co.kr
전화 (02) 2062-5288~9
팩시밀리 (02) 323-4197
ISBN 979-11-90257-74-9 (03470)

이 도서의 국립중앙도서관 출판예정도서목록(CIP)은 서지정보유통지원시스템 홈페이지(http://seoji.nl.go.kr)와
국가자료종합목록 구축시스템(http://kolis-net.nl.go.kr)에서 이용하실 수 있습니다.
(CIP제어번호: CIP2020033772)

* 시그마북스는 ㈜시그마프레스의 자매회사로 일반 단행본 전문 출판사입니다.

들어가며

21세기에 접어들어 인체의 설계도에 해당하는 유전정보(인간 게놈)가 해독되었다. 이로써 한층 다양한 생명현상이나 질병이 발병하는 원리에 대해 분자 단위로 설명할 수 있게 되었다 해도 과언이 아니다. 따라서 21세기는 생명과학의 시대라고도 일컬어진다. 생명과학이란 인간을 포함한 다양한 생물의 생명현상을 다루며, 생물학·생화학·의학·심리학·생태학·사회과학·윤리학·법학 등의 분야와도 결부되는 종합적인 연구를 하는 학문이다. 그 발전이 인간의 앎이나 의료에 끼친 은혜는 헤아릴 수 없다.

생명과학이 거둔 비약적 진보의 영향일까, 최근 신문이나 잡지, 인터넷을 보면 건강이나 질병, 다이어트나 영양제와 관련된 다양한 정보가 빈번히 눈에 띈다. 옥석이 혼재된 이러한 정보들 중에는 인간의 약점을 노린 명백한 오류가 섞여 있기도 하다. 그중에서 옳은 사실만을 취사선택해 우리의 몸이나 건강을 지키려면 어떻게 해야 할까. 그러려면 역시 항간에 떠도는 정보를 곧이곧대로 받아들이는 대신 올바른 생명과학의 관점에서 자신의 추론에 입각해 판단하는, 이른바 생명과학에 관한 높은 이해가 앞으로 현대사회를 살아갈 우리에게는 필요하다.

　대학에 입학할 이공계 학생들 중 대다수는 입시 때 수험 과목으로 생물을 선택하지 않는다. 그 대신 물리나 화학을 선택한다. 생물을 선택하지 않은 학생들의 이야기를 들어보면 첫 번째 이유로 생물은 암기과목인지라(확실히 외워야 할 전문용어의 수가 2000개가 넘는다) 점수를 따기 어려워서 입시 때 불리하단다. 반면 물리나 화학은 이론만 이해하면 만점을 노릴 수 있으니 생물을 적극적으로 선택할 이유가 없다고도 했다. 이공계의 현실도 이러하니 문과 쪽 학생들에게 생물이란 입시에 불리한데다 외울 내용도 많아 때려치우기 딱 좋은 과목처럼 여겨지는 듯하다. 그렇다 보니 대학에 입학한 이후로 한 번도 생명과학을 접하는 일 없이 그대로 사회에 진출하는 학생도 있다.

　이와 같은 학생들의 현실에 입각해 생물을 공부해본 적이 없는 사람이라도 어느 정도 올바른 생명과학 지식을 몸에 익혀서 우리에게 익숙한 문제, 이를테면 알레르기·암·생활습관병이 발병하는 원인, 콜라겐 섭취와 미용의 관련성과 같은 내용에 대해 학과와는 무관하게 자신의 언어로 설명할 수 있게 되거나, 혹은 생명과학에 대한 지적 호기심을 품게 될 계기가 되었으면 하는 마음에 생명과학 강의를 열고 있다.

　이렇게 말은 거창하게 했지만 문과 학생들이나 생물을 선택하지 않은 이공계 학생들에게 최첨단 생명과학에 관한 지식을 전달하기란 지극히 어려운 일이다. 애당초 생명과학에 관심이 없는 학생들은 조금이라도 강의가 지루하거든 곯아떨어지거나 잡담을 늘어놓기 시작한다. 강의 중에 꾸벅꾸벅 조는 학생들의 모습을 보기란 괴로운 일이었다. 부끄럽게도 강의를 담당한 첫 해 강의평가에서는 '너무 어렵다', '잠이 왔다'는 신랄한 평가를 받았다.

어떻게 강의를 하면 학생들에게 흥미를 심어줄 수 있을지, 여전히 고민이 많다. 온갖 시행착오를 거쳐 지금은 고맙게도 '이번 학기 중에서 가장 이해하기 쉬운 강의였다', '처음에는 흥미가 없었지만 재미있었다', '문과라 해도 자신의 몸에 대해서만큼은 과학적 지식을 쌓아야겠다고 느꼈다'라는 평가를 받게 되었다.

이 책은 도쿄 대학교 교양학부에서 실시한 본인의 강의를 바탕으로 타 대학에서도 겸임하는 여러 강의에 담긴 요소를 덧붙여, 학생들이 흥미를 보였던 몇몇 주제 중에서 선별해 집필했다. 그리고 이 책에 '인간의 생물학(원서의 제목 'ヒトの生物学')'이라는 제목을 붙였다. 이는 여러분이 지금껏 배워온 익숙한 '생물학'과, 그 생물학에 포함되지 않는 '인간의 질병'에 대해 다루고 있음을 강조하고 싶었기 때문이다. 또한 이 책은 대학생뿐 아니라 연령을 불문하고 생명과학에 관심이 있는 일반 대중이나 중고생도 읽어 주십사 하는 마음에 가능한 한 이해하기 쉽게 기술하려 노력했으며, 되도록 강의의 현장감이 느껴지게끔 강의 때 실제로 사용했던 예시나 잡담까지 포함시켰다. 다만 전하고 싶은 말이 너무나도 많아 지나치게 욱여넣은 부분도 있고, 전문적인 용어나 내용이 등장하는 경우도 있기 때문에 부분적으로 어렵게 느껴지는 대목도 있을 듯하다. 하지만 친숙한 주제가 끊임없이 등장하므로

어려운 부분은 과감하게 넘겨버리고, 우선은 눈길이 가는 부분부터 읽어보기를 바란다.

이 책이 완성되기까지 무척 많은 분들의 도움을 받았다. 도쿄 대학교 대학원 총합문화연구과 생명환경과학계 쓰보이 연구실의 여러분에게는 젊은이들 특유의 시점과 의견, 삽화에 도움을 받았다. 오랫동안 알고 지낸 친구들에게는 다른 업종이기에 들을 수 있는 참신한 의견과 따뜻한 격려를 받았다. 관계자 여러분의 후의 덕분에 이시자카 기미시게 선생님과 다다 도미오 선생님의 귀중한 사진과 자료를 실을 수 있었다. 그리고 이와 같은 기회를 제공해주신 마루젠 출판 주식회사와 정확한 조언을 건네주신 요네다 히로미 씨 덕분에 이 책을 세상에 내놓을 수 있었다. 이 자리를 빌려 여러분께 깊은 감사를 표하고 싶다.

이 책을 통해 인간의 생명현상이 얼마나 신비한지 음미해주신다면 필자로서는 더 없는 기쁨이다. 그리고 우리 몸의 세포 하나하나를 생각하며 '주어진 삶을 더욱 유익하게 살아가기 위한' 힌트를 얻을 수 있다면 감사하겠다.

자, "아하, 그랬구나!"로 가득한 인간 생물학의 세계, 지금 출발합니다!

2019년 10월

쓰보이 다카시

차 례

들어가며 / 6

서장 15

해파리와 알레르기의 뜻밖의 관계 / 다테 마사무네와 나쓰메 소세키의 공통점 /
알레르기와 아나필락시 쇼크 / 몸 바친 실험과 항체의 발견 / 알레르기 약에서 위
궤양 치료제로 / 항히스타민제가 수면유도제로?

• 맛보기 강의 〈면역〉 몸이 이물질을 배제하는 구조 23
• 맛보기 강의 〈세포〉 세포가 외부의 정보를 받아들이는 구조 27

제1장
감염과 면역-외적으로부터 몸을 지키는 구조 35

세균이 만들어내는 독소가 감염증을 일으킨다 / 결핵이 아직까지 사라지지 않은
일본 / 코흐의 원칙 / 실패는 성공의 어머니 ─ 세상을 바꾼 약 페니실린 / 페니실
린의 대량 합성과 제2차 세계대전 / 플레밍의 예언 ─ 진격의 약제내성균 / 진균
─ 평소에 즐겨 먹지만 때로는 무섭게 돌변하는 균 / 기생충 ─ 예상치 못한 곳에
숨어 있는 존재 / 10억 명 이상의 목숨을 구한 약의 발견 / 조류 인플루엔자의 정
체 / 감염에 대항하는 구조 ─ 면역 / 백신 후진국, 일본 / 몸이 다양한 병원체에
대응할 수 있는 이유 / 다시 생각해보는 꽃가루 알레르기의 메커니즘 / 인간 면역
결핍 바이러스와 후천성 면역결핍 증후군

- 감염의 기본 강의 ① 세균 40
- 감염의 기본 강의 ② 바이러스 56
- 면역의 기본 강의 ① 자연 면역과 획득 면역 61
- 면역의 기본 강의 ② 체액성 면역과 세포성 면역 65
- 면역의 기본 강의 ③ 항체 다양성의 구조 70
- 면역의 심화 강의 자기와 비자기를 구분하는 구조 75

칼럼

HIV 감염으로부터의 생환 80

제2장

유전자, 단백질, 체질과 에피제네틱스-당신이 당신인 이유 　83

체질이란 무엇인가? ― 약이 잘 듣는 사람과 잘 듣지 않는 사람 / CYP와 맞춤형 의료 / 이중나선 구조 발견의 이면 / 유전병의 예시 ― 낭포성 섬유증, 헌팅턴병, 혈우병 / 대부분의 질병은 다유전자성 질환 / 단일염기다형 ― 유전자의 돌연변이가 아닌 다양성 / 염색체의 개수도 중요하다 ― 다운 증후군 / 유전자의 스위치 ― 일란성 쌍둥이와 네덜란드의 기근 / DNA 염기배열의 변화를 일으키지 않는 세포의 성질 변화 ― 에피제네틱스 / 색각이상과 슈퍼비전 / 게놈의 화학적 수식과 질병 ― 유전체 각인에 따른 질병 / 에피게놈의 초기화 / 체질은 환경이나 경험에 따라 달라진다 / 에피네제틱스는 다음 세대로 전해질 것인가?

- 분자의 기본 강의 ① DNA와 이중나선 89
- 분자의 기본 강의 ② 유전자와 게놈 92
- 유전의 기본 강의 ① 염색체와 유전 98
- 유전의 기본 강의 ② 성염색체와 유전질환 102
- 유전의 심화 강의 ① X염색체 불활성화와 삼색 고양이의 털 색깔 115
- 유전의 심화 강의 ② 에피제네틱스와 에피게놈의 차이 122

칼럼

신형 출생 전 진단 132

제3장

세포주기, 암, 약-세포의 폭주를 억제한다　137

건강 마니아 일본인의 사망 원인 / 암이란? / 발암의 원인을 찾아서 ─ 기생충설 · 화학물질설 · 바이러스설 / 바이러스에서 발견된 불가사의한 효소 / RNA 바이러스가 일으키는 질병 / 바이러스는 암 유전자를 지니고 있다 / 인간에게는 암유전자가 존재하는가? / 백혈병과 분자표적약 / 암을 억제하는 유전자는 존재하는가? / 다단계 발암 / 유전자의 후성유전학적 변화와 암 / 인간에게 암을 발생시키는 바이러스 / 항체를 이용해 암을 격파한다 / 암 치료법의 종류와 새로운 원리의 치료법 ─ 암 면역요법 / 노화와 수명, 그리고 암의 밀접한 관계 / 안젤리나 졸리와 유방암

> ▪ 세포의 기본 강의 ①　인산화와 정보 전달 158
> ▪ 세포의 기본 강의 ②　DNA와 세포주기 169
> ▪ 세포의 기본 강의 ③　세포자살과 괴사 177

칼럼
새로운 암 치료법-암 면역요법이란 190

제4장

호르몬-세포와 세포 사이의 메신저　193

자신과 가족을 실험대에 세운 생리학자들 / 뇌에도 호르몬을 분비하는 세포가 있다 / 시상하부와 뇌하수체에 따른 호르몬 분비 조절 / 일산화질소와 노벨 / 호르몬 구이에는 호르몬이 포함되어 있을까? / 식욕의 조절 ─ 만복중추와 섭식중추 / 지방세포가 식욕을 조절한다? / 혈중 포도당과 지방산의 농도에 따라 식욕이 조절된다? / 비만 쥐의 발견 ─ 미지의 식욕 제어 인자의 발견으로 / 신참의 과감한 도전 ─ ob 유전자의 정체가 밝혀지다 / 지방세포와 성 호르몬의 예상치 못한 연관성 / 식욕을 억제하는 호르몬 렙틴이 '기적의 다이어트 약'으로? / 뜻밖의 장기에서 발견된 식욕 촉진 호르몬 / 당뇨병과 인슐린의 발견 / 당뇨병의 종류 / 소장에서 분비되는 호르몬과 인슐린의 뜻밖의 관계 / 장내세균과 호르몬 분비의 밀접한 관계 / 당뇨병과 운동 / 잘 알려지지 않았지만 중요한 기관 ─ 갑상선 / 호르몬에 따라 애착이 정해진다?

• 호르몬의 기본 강의 ① 내분비선과 외분비선 198
• 호르몬의 기본 강의 ② 호르몬에도 다양한 종류가 있다 205
• 호르몬의 기본 강의 ③ 고전적 호르몬과 새로운 호르몬 209
• 호르몬의 심화 강의 인슐린에 따른 혈당농도의 조절 구조 231

칼럼
도마뱀의 침에서 발견된 당뇨병 치료제 250

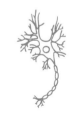

제5장

뇌-당신을 만들어내는 장치　253

어제와 오늘의 차이는 중요하다 / 잃어버린 손과 다리의 아픔이 느껴진다 / 뇌 지도의 재구축 / 육체적인 고통과 슬픔, 질투는 동일한 아픔이다? / 몸의 상태를 통해 뇌는 현재 자신의 상태를 파악한다 / 스트레스와 운동의 관계 / 우울증 / 타인의 감정에 공감하는 구조 / 인간을 구하는 장내세균? / 기억·학습능력의 획득에는 유전자와 환경 모두 중요하다 / 치매

• 뇌의 기본 강의 ① 뇌의 구조 258
• 뇌의 기본 강의 ② 뉴런 간의 정보 전달 267
• 뇌의 심화 강의 기억의 구조 284

칼럼
치매 치료제 개발 현황 292
치매를 일으키는 새로운 인자와 치매 발병 예방의 가능성 294

참고 문헌 / 296
참고 도서 / 307

서 장

봄 하면 떠오르는 것, 바로 꽃가루 알레르기다. 꽃가루 알레르기란 삼나무, 쑥, 자작나무와 같은 식물의 꽃가루 때문에 발생하는 알레르기 반응을 가리킨다. 꽃가루 알레르기는 현재 일본인 중 약 30%가 시달리고 있으며 경제적 손실은 3000억 엔에 달한다고 한다. 꽃가루 이외에도 집 먼지나 곰팡이, 나아가서는 자동차 배기가스나 황사, 미세먼지 등에 따라 알레르기 반응이 일어나기도 한다. 따라서 알레르기를 일으키지 않으려면 방을 자주 청소해서 집 먼지나 곰팡이를 줄이는 것이 중요하다.

2005년, 당시 도쿄 도지사였던 이시하라 신타로는 공적 업무로 다마 지역을 방문했을 때 처음으로 꽃가루 알레르기에 걸렸다. 꽃가루 알레르기 증상에 꽤나 고역을 치렀는지 이시하라는 꽃가루 알레르기 박멸에 나섰다. 구체적으로 말하자면 기존의 삼나무에 비해 꽃가루의 양이 겨우 1%밖에 되지 않는 삼나무를 본래 심어져 있던 삼나무와 바꾸어 심는 작업을 시작한 것이다. 유감스럽게도 효과를 보기까지 족히 100년은 걸린다고 하니 꽃가루 알레르기 환자인 나는 죽을 때까지 꽃가루 알레르기와 함께해야 할 듯하다. 그렇다면 꽃가루 알레르기는 어째서 발생하는 것일까?

해파리와 알레르기의 뜻밖의 관계

알레르기는 20세기 초인 1901년, 모나코에서 해수욕을 즐기던 많은 사람들이 '고깔해파리(통칭 전기해파리)'에 쏘여 목숨을 잃은 사고가 계기로 발견되었다. 모나코라 하면 모나코 대공 레니에 3세와 결혼한 여배우 그레이스 켈리가 떠오르지 않을까. 당시 모나코 대공 알베르 1세는 소르본 대학교의 샤를 로베르 리셰와 파리 해양학연구소의 폴 푸아티에를 실험실이 완비된 자신의 요트로 초빙해 어째서 고깔해파리에 쏘이면 사람이 죽는지, 그 원인을 알아내게 했다. 7월, 리셰와 푸아티에는 프랑스 남동부와 면한 도시인 툴롱항에서 출발해 8월 초, 베르데곶(아프리카 대륙 최서단에 위치한 세네갈 영내의 곳) 부근에서 고깔해파리를 대량으로 채취했다. 그리고 요트 위에서 고깔해파리의 독소를 추출하는 데 성공했다. 뭍으로 돌아와 이 독소를 비둘기, 집오리, 기니피크, 개구리에게 주사하자 그 동물들은 마비되어 잠자듯이 즉사했다. 그리하여 그리스 신화 속 '잠의 신'의 이름인 '히프노스'와 고대 그리스어로 독을 뜻하는 '톡신'을 합쳐서 '히프노톡신hypnotoxin'이라는 이름을 붙였다. 다시 말해 리셰는 이 히프노톡신이라는 독 때문에 사람이 죽었다고 본 것이다.

1902년, 프랑스로 귀국한 리셰와 푸아티에는 생물의 독에 매료되었는지 파리에서도 쉽게 구할 수 있는 말미잘에 주목했다. 그리고 말미잘에서 독소를 추출하는 데 성공했다. 리셰는 개에게 말미잘의 독을 대량으로 주사했고, 개는 즉사했다. 하지만 치사량에 미치지 않는 양의 독소를 개에게 주사하자 이번에는 재채기를 하거나 콧물을 흘리기 시작했다. 그리고 1개월 뒤, 이 개에게 지난번 주사한 독소보다 적은 양을 주사하자 출혈, 구토, 호흡장애 등의 강렬한 쇼크증상을 일으키며 죽는다는 사실을 발견했다.

이러한 결과를 통해 리셰는 생물의 독이 직접적으로 죽음을 초래하는 것이 아니라, 독이 체내로 유입되면서 혈액 속에 증가한 모종의 물질 때문에 쇼크증상이 발생해 사망에 이르게 된다고 보았다. 그리고 이 현상에 '방어(그리스어로 phylaxis)가 아닌 상태'라는 의미에서 부정적 접두어인 a를 넣어 아필락시aphylaxie라는 이름을 붙였다. 하지만 아필락시는 발음하기 어렵기 때문에 a 대신 마찬가지로 부정적 접두어인 ana를 넣어, 1902년에 **아나필락시**anaphylaxie라는 이름을 붙였다.[1] 말벌에 쏘인 사람이 아나필락시 쇼크를 일으켜 사망했다는 뉴스가 흘러나올 때가 있는데, 바로 이 아나필락시 쇼크라는 말은 리셰가 만들어낸 용어다.

이 '아나필락시 쇼크의 발견'으로 리셰는 1913년에 노벨생리학·의학상을 수상했다. 참고로 2008년의 노벨화학상은 평면해파리가 지닌 초록색으로 빛나는 형광단백질을 발견한 시모무라 오사무에게 돌아갔다. 해파리의 독을 조사하는 과정에서 아나필락시 쇼크를 발견하고, 해파리가 빛을 내는 원인을 조사하다 녹색 형광단백질로 암세포를 빛나게 해서 암이 전이되는 구조를 해명해낼 것이라고는 아무도 예상하지 못했으리라. 당장은 어디에 쓰일지 몰라 각광받지 못하는 기초연구라 해도 분명 가치가 있다는 말이다.

다테 마사무네와 나쓰메 소세키의 공통점

다테 마사무네*라 하면 독안룡獨眼龍이라는 말이 먼저 떠오르지 않을까. 어째서 마사무네는 오른쪽 눈을 잃었을까. 원인은 **천연두** 바이러스가 눈에 감염되었기 때문이라고 전해진다. 천연두 바이러스는 치사율이 높으며 치유되었다 하더라도 보기 흉한 '마맛자국'을 남긴다. 따라서 눈에 감염되면 실명하고 마는 것이다. 사실 나쓰메 소세키** 역시 천연두를 앓은 탓에 자신의 외모에 열등감을 품고 있었다 한다. 사진 보정은 당시에도 보편적이었기 때문에 지금 남아 있는 나쓰메 소세키의 사진에서는 마맛자국의 흔적을 찾아볼 수 없다.

　일본에서 천연두는 1955년에 근절되었고, 1980년 5월 8일에 열린 세계보건기구WHO 총회에서 지구상에서 천연두가 근절되었다고 선언했다. 다시 말해 현재 자연계에서 천연두 바이러스는 존재하지 않는다는 뜻이다. 이야기를 되돌려, 이 천연두 바이러스의 감염을 막으

---

* 16세기부터 17세기에 걸쳐 활약한 일본의 무장으로, 애꾸눈으로 유명했다.

** 일본 근대 문학의 아버지라 불리는 소설가. 『나는 고양이로소이다』, 『도련님』 등의 작품을 남겼다.

려면 **백신**을 접종해야 했다. 천연두 백신을 접종하면 접종 후 약 1주일부터 피부에 물집이 생기고, 3주가 지나면 딱지가 생긴다. 오스트리아의 클레멘스 폰 피르케는 천연두 백신을 2회 접종하면 첫 번째 접종보다도 빠르게, 그리고 첫 번째보다도 더욱 큰 물집이 생긴다는 사실을 발견했다. 1906년, 피르케는 이 반응에 그리스어로 '변했다'를 의미하는 allos와 '반응'을 의미하는 ergo를 합쳐서 '**알레르기**allergie'라는 이름을 붙였다. 피르케가 제창한 알레르기는 면역반응과 아나필락시를 모두 아우르는 개념이다. 하지만 현재 알레르기란 면역반응 때문에 몸에서 발생하는 장애를 의미한다. 아나필락시 쇼크나 아토피성 피부염 등이 그 좋은 사례다.

알레르기와 아나필락시 쇼크

이후 전 세계의 연구자들은 아나필락시 쇼크와 알레르기를 일으키는 혈액 속 물질을 찾아내려 했다. 1932년, 영국의 빌헬름 펠트베르크가 아나필락시를 일으킨 기니피그의 폐에서 **히스타민**histamine이라는 물질을 찾아내 아나필락시 쇼크에 히스타민이 관련이 있음을 발견했다. 그리고 1953년에 스코틀랜드의 제임스 F. 라일리와 제프리 B. 웨스트는 아나필락시 쇼크가 발생했을 때 혈액 속에서 증가하는 히스타민은 비만세포에서 분비된다는 사실을 알아냈다.

이 비만세포는 사실 비만인 사람에게서 자주 발견되는 세포라거나 비만과 관련된 세포가 아니다(!). 세포 안에 든 수많은 알갱이 때문에 빵빵하게 부푼 세포가 마치 비만처럼 보인다는 이유로 비만세포라 불리게 된 것이다. 영어로는 **마스트 세포**mast cell라고 하는데, 1879년에 독일의 파울 에를리히가 이 알갱이가 주변의 조직에 영양분을 공급한다고 착각해 고대 그리스어로 '나는 먹을 것을 준다'는 의미인 mast와 '세포cell'를 합친 것에서 유래한다.

참고로 우리의 몸은 약 37조 개의 세포로 이루어져 있다.[2] 세포에는 신경세포, 근세포, 상피세포(피부 등의 세포), 간세포(간의 세포) 등 다양한 종류가 있는데, 그 수는 270종이 넘는다고 한다. 이들은 모두 생김새와 기능이 크게 다르다. 우리의 몸에서 가장 수가 많은 세포는 무엇일까? 정답은 체내의 모든 세포에 산소를 공급하는 적혈구로, 어림잡아 26조 개가 존재한다. 다시 말해 인간의 체세포 중 3분의 2는 적혈구인 셈이다. 그만큼 몸 구석구석까지 산소를 운반하는 역할은 중요하다.

이 비만세포는 피부나 점막 안에 존재하며, 그 알갱이 안에는 히스타민이 다수 함유되어 있다. 요컨대 체내에 고깔해파리나 말미잘, 혹은 말벌 등의 독이 유입되면 체내에서 어떠한 반응이 일어난다. 그 결과, 자극을 받은 비만세포가 피부 안이나 혈액 속으로 히스타민을 방출하고, 히스타민의 작용에 따라 아나필락시 쇼크나 알레르기 반응이 일어난다는 사실이 밝혀졌다.

히스타민에는 혈관을 팽창시키거나 혈관 투과성을 증가시키고, 민무늬근(위나 소장, 대장 등의 내장을 움직이기 위한 근육)을 수축시키거나 점액의 분비를 촉진시키는 등 다채로운 작용이 있다. 혈관이 확장되면 혈액이 지나는 길이 넓어지므로 혈압이 낮아진다. 혈관 투과성이 높아지면 혈관 밖으로 수분이 빠져나가 부종(부기)이 생긴다. 예를 들어, 모기에 물렸을 때 물린 부분의 피부가 부어오르는 모습을 볼 수 있다. 이는 모기의 타액에 히스타민의 분비를 촉진시키는 성분이 함유되어 있기 때문이다. 모기의 타액이 몸 안에 주입되면 혈관 투과성이 증가되고, 그 결과 국소적으로 붓는 것이다. 또한 모기에 물리면 생기는 가려움증 역시 히스타민의 영향이다. 모기에 물렸을 때는 물린 부분을 긁어선 안 된다. 긁으면 긁을수록 히스타민이 주변 조직으로 퍼지면서 점점 더 부은 부분이 커지고 가려움증도 심해지고 만다.

히스타민은 기관지까지 수축시키기 때문에 기도가 좁아져서 호흡곤란을 유발하기도 한다. 동시에 기관지에서는 점액의 분비량이 증가하므로 호흡곤란에 박차가 가해진다. 일본에서는 연간 약 수십 명이 말벌에 쏘여 아나필락시 쇼크로 목숨을 잃는다. 벌의 독에는 소량의 히스타민이 함유되어 있기 때문에 벌의 독이 다량으로 체내로 유입되었을 때는 처음 벌에 쏘였더라도 아나필락시 쇼크가 발생하는 경우가 있다. 또한 강력한 아나필락시 쇼크는 약 15분 만에 목숨을 잃게 한다고도 하니 벌에 쏘이지 않도록 조심하는 것이 제일이다.

또한 벌의 독뿐 아니라 약제나 음식물 때문에 알레르기가 발생하기도 한다. 에도 시대* 시 중에 '의사에게 다랑어 값을 들키다니 부끄럽구나'라는 시가 있다. 이는 다랑어를 먹고 알레르기를 일으켰음을 읊은 시다.** 참치나 고등어, 정어리나 꽁치처럼 혈합육이 진한 생선을 먹으면 알레르기를 일으키는 경우가 있다. 이 생선들은 상온에 방치해두면 히스타민을 만들어내는 세균이 증식하고, 그 결과 생선에 함유된 히스타민의 양이 증가한다. 따라서 이러한 생선은 사서 바로 먹든지, 보관하려거든 냉동해야만 한다. 히스타민은 약 100도에서 3시간 동안 가열해도 파괴되지 않기 때문에 '조금 상했지만 익히면 괜찮겠지'라는 생각은 무척 위험하다.

최근에는 벌에 여러 번 쏘인 적이 있는 사람, 음식물 알레르기가 있는 사람, 다시 말해 아나필락시 쇼크를 일으킬 가능성이 있는 사람을 위한 '에피펜®'이라는 약이 있다. 이는 **아드레날린**이 함유된 휴대용 자가 주사 치료제다. 아드레날린에는 기관지를 넓혀주는 작용이나, 심장 기능을 강화해 혈압을 상승시켜 쇼크증상을 개선시켜주는 작용이 있기 때문에 아나필락시 쇼크에 효과적이다.

---

* 일본의 시대 구분 중 하나로, 1603년부터 1867년까지의 봉건시대를 가리킨다.

** 당시 일본에서 제철 다랑어는 지금 기준으로 약 50만 원 정도나 되는 매우 값비싼 생선으로, 서민들에게는 그림의 떡이나 다름없었다. 따라서 이 시에는 돈이 없어서 싸구려 다랑어를 먹고 탈이 났음을 의사에게 들켜 부끄럽다는 의미가 담겨 있다.

맛보기 강의 <면역> **몸이 이물질을 배제하는 구조**

우리의 몸은 어떻게 이물질을 배제하는 걸까? 여기에는 '면역반응' 이 매우 중요한 역할을 한다. <u>면역</u>이란 자신(자기)과 자신이 아닌 것 (비자기)을 구분하는 구조를 가리킨다. 우리의 몸에는 이 면역을 담당하는 세포가 존재하는데, 몸 밖에서 침입한 세균·바이러스·기생충 등의 병원체나 암세포와 같은 비자기를 발견하면 그것들을 이물질로 간주해 몸에서 제거한다.

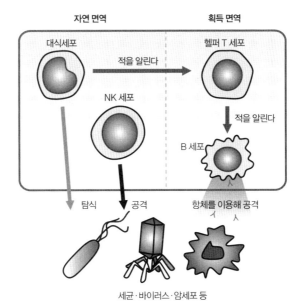

〈그림 1〉 자연 면역과 획득 면역

제1장에서 자세히 설명하겠지만 이 면역에는 2종류가 있는데, 간단히 말하자면 체내에서 이물질과 만났을 때 그 자리에서 대처하는 **자연 면역**과 또다시 동일한 이물질과 만났을 때를 위해 대비하는 **획득 면역**이 있다. 자연 면역을 담당하는 세포는 항시 체내를 순찰하며 이물질이 없는지 확인한다. 순찰 중에 이물질을 발견하면 곧바로 이물질을 공격해 파괴하거나 이물질을 자신의 몸으로 흡수해서, 다시 말해 먹어치워서 제거한다(**탐식**이라고 한다). 그리고 공격한 이물질을 탐식해 이물질 특유의 면역 정보를 획득, 그 정보를 획득 면역을 담당하는 세포에게 전달한다. 이 정보는, **항원**이라 불리는 단백질이다. 표현을 달리하자면 **항원**은 이른바 이물질이 그려진 지명수배서인 셈이다.

이물질의 수배서(항원)를 받아든 획득 면역은 이물질의 생김새를 기억해 다가올 전투에 대비한다. 그리고 실제로 체내에서 그 이물질을 발견하면 항원과 결합하는 단백질로 된 특수한 무기를 대량으로 생산해 이물질을 파괴한다. 항원과 결합하는 이 단백질을 **항체**라고 부른다. 즉, 획득 면역이란 처음에 공격해온 이물질과 비슷한 물질이 또다시 체내에 침입했을 경우나 암세포 등의 이상을 발견했을 때 항체를 이용해 빠르게 면역반응을 일으켜 몸을 지키는 구조를 뜻한다 (그림 1).

몸 바친 실험과 항체의 발견

항체를 발견하는 데는 일본인 연구자가 큰 공을 세웠다. 이물질은 항원이라 불리지만 그중에서도 항체와 결합해 알레르기를 일으키는 항원을 **알레르겐**allergen이라고 부른다.

1960년대, 알레르기 환자의 **혈청**(혈액이 응고할 때 떠오르는 담황색 액체로, 항체를 포함한다)을 건강한 사람의 피부 내에 주사하고, 24시간 후 혈청을 주사한 곳에 알레르겐을 주사하자 두드러기 같은 알레르기 반응이 일어난다는 사실을 발견했다. 다시 말해 알레르기 환자의 혈청 내부에 존재하며 알레르겐과 반응하는 '미지의 물질 X'가 알레르기 반응을 일으켰던 것이다. 이리하여 알레르겐과 반응하는 미지의 물질 X를 임시로 '레아긴reagin'이라 불렀고, 그 정체를 찾아내기 시작했다.

비슷한 시기, 항체는 한 종류가 아니라 여러 종류라는 사실이 알려지면서 이 항체들을 **면역 글로불린**immunoglobulin, IG이라는 총칭으로 부르고 있었다. 현재 알려져 있는 면역 글로불린으로는 형태가 다른 IgA, IgD, IgE, IgM, IgG의 5종류가 있다.

이후의 연구를 통해 알레르기 환자의 IgA가 레아긴이라고 받아들이게 되었다. 하지만 이시자카 기미시게는 알레르기 환자의 혈청에서 IgA를 제거한 뒤 건강한 사람의 피부 안에 주사하더라도 알레르기 반응이 일어난다는 이유로 IgA가 레아긴이라는 설에 반대했다. IgA가 레아긴이 아니라면 어떤 항체가 레아긴인가? 이시자카는 우선 알

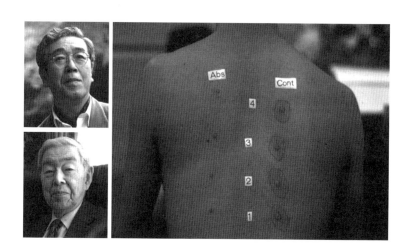

〈그림 2〉 이시자카 기미시게 박사(왼쪽 아래)와 다다 도미오 박사(왼쪽 위), 다다 도미오 박사의 등에 나타난 알레르기 반응(오른쪽) 사진제공: 야마가타 대학교 의학부(왼쪽 아래), 다니구치 마사루(왼쪽 위, 오른쪽)

레르기 환자의 혈청에서 IgA뿐 아니라 당시 밝혀져 있던 다른 종류의 항체인 IgM, IgG도 제거했다. IgA, IgM, IgG를 제거한 이 혈청을 건강한 사람의 피부 안에 주입한 결과, 알레르기 반응이 일어났다. 다시 말해 레아긴은 IgA, IgM, IgG가 아니었던 것이다. 이어서 이시자카는 토끼를 이용해 레아긴에만 결합하는 항체(항레아긴 항체라고 부른다)를 만들어냈다. 그리고 IgA, IgM, IgG를 미리 제거해놓은 알레르기 환자의 혈청에 항레아긴 항체를 섞어서 혈청에 함유된 레아긴을 제거했다. 그리고 이시자카는 공동 연구자였던 다다 도미오의 등에 실험을 했다. 당시 20대였으며 장신인 다다의 등에는 일반적인 피험자보다 주사를 한 번 더 놓을 수 있었다. 실험 결과, 알레르기성 피부염이 억제

26

된다는 사실이 멋지게 밝혀졌다. 결국 레아긴의 정체는 IgA, IgM, IgG가 아니라 전혀 다른 항체였던 셈이다.

다다의 등을 찍은 사진은 전 세계의 학회에서 공표되었다. 이 사진은 쇼와 일왕도 보았다고 하니 세계에서 가장 유명한 알레르기성 피부염 사진이 아닐까(그림 2).

이시자카는 이 연구 결과를 통해 레아긴에 알레르기성 피부염 erythema(홍반)을 일으키는 항체라 해서 1966년에 γE감마E라는 이름을 붙였다.[3] 이후 1968년에 열린 WHO 회의에서 IgE라 불리게 되었다. 이시자카는 강연에서 농담처럼 "나는 날 때부터 IgE를 발견할 운명이었다. 왜냐하면 내 이름에는 IgEKimishIgE가 들어 있기 때문이다"라고 말했다. 알레르기의 발병 원리를 해명한 이시자카 기미시게는 노벨상 후보에도 수차례 올랐다. 2018년 7월 6일에 세상을 떠났다.

....

 맛보기 강의 〈세포〉 세포가 외부의 정보를 받아들이는 구조

모든 생물은 세포로 이루어져 있다. 우리의 몸 역시 약 37조 개의 세포로 구성되어 있다. 이 세포의 세포막을 구성하는 것은 인지질이라는 물질이다. **인지질**은 콜린, 인산, 글리세린, 그리고 지방산의 복합체다. 세포막은 두 겹의 인지질 막(**지질이중층**)으로 이루어져 있으며, 그 두께는 8~10나노미터(머리카락 두께의 1만 분의 1 정도)로 매우 얇다.

세포막의 중요한 기능은 세포의 안과 밖을 구분하는 것이다. 세

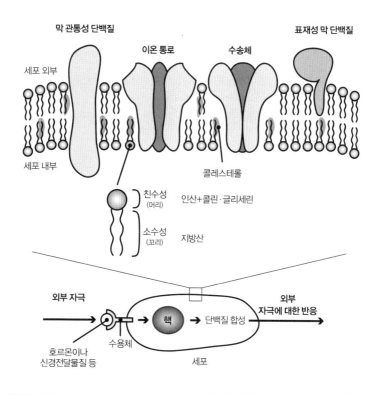

막 관통성 단백질
이온 통로
수송체
표재성 막 단백질
세포 외부
세포 내부
콜레스테롤
친수성 (머리)
인산+콜린·글리세린
소수성 (꼬리)
지방산
외부 자극
핵
단백질 합성
외부 자극에 대한 반응
수용체
호르몬이나 신경전달물질 등
세포

〈그림 3〉 세포의 모식도

포막 덕분에 세포 내에 필요한 물질을 고농도로 저장할 수 있을 뿐 아니라 세포 내부에 새로운 기능을 지닌 구역, 이를 테면 **핵**이나 **미토콘드리아**mitochondria와 같은 세포소기관을 만들어낼 수 있다. 하지만 세포막은 인지질이므로 세포 외부의 수용성 물질, 예를 들어 **호르몬**이나 **신경전달물질** 등은 세포막을 통과해 세포 안으로 들어갈 수 없다. 그렇기 때문에 세포 표면에는 외부에서의 정보를 받아들이기 위한 열쇠구멍인 **수용체**나 이온을 통과시키기 위한 구멍인 **이온 통로**^{ion channel}, 세포 내외로 물질을 운반하는 특수한 단백질인 **수송체**^{transporter} 등이 세포막을 관통하는 형태로 존재하고 있다 (그림 3).

알레르기 약에서 위궤양 치료제로

히스타민이 일으키는 다양한 생리반응 중에서도 눈의 충혈이나 콧물, 두드러기 등의 알레르기 증상은 학업이나 업무뿐 아니라 일상생활에도 지장을 초래하므로 무척 골치가 아프다. 따라서 전 세계의 연구자들이 알레르기를 억제하는 약을 개발하기 위해 혈안이 되어 있었다. 1937년, 다니엘 보베가 히스타민의 작용을 억누르는 약을 개발했다. 이 약은 히스타민의 작용에 대항한다는 의미로 항히스타민제라고도 불린다. 이 약의 물질명은 디펜히드라민^{diphenhydramine}이라 하는데, 비염이나 두드러기 치료제로 사용할 수 있다는 사실이 밝혀졌다. 동시에 보베는 남아메리카 원주민이 사냥할 때 사용하는 화살의 화살촉에 바르는 독극물인 쿠라레도 함께 연구하고 있었다. 쿠라레는 식물에서 추출한 맹독성 수액으로, 운동신경을 마비시키고 근육을 이완시킨다. 쿠라레를 마취제로 인간에게 사용할 수 있게끔 세계 최초로 화학적 합성에 성공한 인물이 바로 보베다. 1957년, 보베는 쿠라레를 발견하고 작용 원리를 해명한 업적으로 노벨 생리학·의학상을 수상했다.

앞서 히스타민에는 점액의 분비를 촉진시키는 작용이 있음을 언급했다. 그런데 동시에 위산의 분비를 촉진시키기도 한다. 위산이 과도하게 분비되면 위산 때문에 위 점막이 손상되어 위염이나 위궤양 등이 발생한다. **위궤양**은 일본인 10명 중 1명은 걸린다고 할 만큼 익숙한 질병이기에 대수롭지 않게 여기는 경향이 있다. 하지만 위궤양을 만만하게 보아서는 안 된다. 예를 들어, 소설가 나쓰메 소세키의 사망 원인은 위궤양으로 발생한 내출혈에 따른 실혈사失血死였다. 이처럼 위궤양은 과거에는 인간의 목숨을 빼앗는 병이었다. 그전까지 위궤양은 식사를 제한하거나 위궤양의 환부를 절제하는 수술 말고는 치료 방법이 없었다. 따라서 많은 연구자들은 위산의 분비를 촉진시키는 히스타민의 작용을 억제할 수 있다면 위궤양이 호전될지도 모른다고 생각했다.

그리하여 히스타민의 작용으로 발생하는 알레르기의 치료제인 디펜히드라민을 위궤양 환자에게 투여하는 실험이 진행되었다. 하지만 위산의 분비를 억제할 수는 없었고, 위궤양은 호전되지 않았다. 이러한 사실을 통해 위산을 분비하는 세포 표면의 히스타민 수용체와 기관지를 수축시키는 세포 표면의 히스타민 수용체에는 어떠한 차이가 있음을 알게 되었다. 참고로 히스타민이 열쇠라면 수용체는 세포가 히스타민을 받아들이기 위한 열쇠구멍이라고 표현할 수 있다. 다시 말해 세포에 따라 히스타민 수용체, 즉 열쇠구멍의 생김새가 조금씩 다를지도 모른다는 사실이 밝혀진 것이다. 혈관 투과성을 증가시키고 두드러기나 비염 등의 알레르기를 일으키는 데 관여하는 히스타민 수용체와 위산을 분비시키는 히스타민 수용체는 다른 종류다.

구별을 위해 모세혈관을 확장시키고 투과성을 증가시키는 데 작용하는 히스타민 수용체는 가장 먼저 발견되었으므로 **H1 수용체**, 위산을 분비시키는 히스타민 수용체는 두 번째로 발견되었다 해서 **H2 수용체**라 불렀다. 보베가 개발에 성공한 디펜히드라민, 다시 말해 항히스타민제는 히스타민 H1 수용체와 결합해 히스타민의 작용을 억제하지만, 히스타민 H2 수용체와는 결합하지 않는다. 많은 연구자들은 '그렇다면 반대로 히스타민 H2 수용체와 결합해 히스타민의 작용을 억제하는 약을 만든다면 위산의 분비만 억제할 수 있지 않을까'라고 생각했다. 그중에서도 스코틀랜드의 제임스 화이트 블랙은 당시 영국의 스미스클라인&프렌치 연구소(현재의 글락소·스미스클라인)에서 히스타민 H2 수용체의 기능을 방해하는 약(H2블로커라고 부른다)을 연구해 최종적으로 시메티딘이라는 약을 개발하는 데 성공했다. 이 시메티딘은 식사 제한이나 수술 없이 약만 투여해서 위궤양이나 십이지장궤양을 치료하는 획기적인 치료법이다. 이후 H2블로커가 개량되면서 다양한 약을 각 제약회사에서 판매하기 시작했다. 그 결과, 일본에서 위궤양이라는 질병은 극적으로 감소했다. 1988년, 히스타민 H2블로커를 개발한 업적을 기리고자 블랙에게 노벨생리학·의학상을 수여했다. 이처럼 히스타민의 작용을 억제하는 약에 대한 연구로 두 차례나 노벨상을 수여한 것이다.

항히스타민제가 수면유도제로?

항히스타민제의 등장으로 비염이나 두드러기로 몸살을 앓던 사람들은 지긋지긋한 콧물이나 가려움증 등의 증상에서 해방되었다. 그러자 이번에는 졸음이 골칫거리로 다가왔다. 대낮부터 강한 졸음이 몰려오면서 학업이나 업무에 악영향을 끼쳤다. 물론 항히스타민제를 복용하는 사람 중에는 졸음을 느끼지 못하거나 졸음 외에 어떠한 부작용도 느끼지 못하는 사람도 있다. 하지만 그런 사람도 알고 보면 집중력이나 판단력, 또는 작업 효율이 저하된다는 사실이 밝혀졌다. 예를 들어, 항히스타민제 중에는 1회 복용량을 복용했을 뿐인데 알코올을 약 40mL 마셨을 때와 거의 동일한 인지상태에 놓이게 되는 약도 있다고 한다. 이처럼 항히스타민제의 복용으로 작업효율이 떨어지는 현상을 **임페어드 퍼포먼스**Impaired Performance, 혹은 둔뇌鈍腦라고 부른다.

그럼 어째서 항히스타민제를 복용하면 임페어드 퍼포먼스가 발생하는 것일까. 히스타민 H1 수용체는 혈관, 기관지, 피부의 세포뿐 아니라 뇌에도 있는데, 특히 각성 상태를 관장하는 **시상하부**라 불리는 부위의 신경세포에 존재한다. 뇌에는 **혈액뇌관문**이라는 기구가 있다. 뇌에 필요한 물질을 혈액 속에서 선별해 뇌로 공급하거나, 반대로 뇌에서 생산된 불필요한 물질을 혈액으로 배출하는 기구다. 바꾸어 말하면 뇌에 유해한 물질이 뇌 안으로 침입하지 못하게 막는 기구인 셈이다. 이 혈액뇌관문은 모세혈관과 세포로 구성되어 있는데, 그 세포막은 지질로 이루어져 있다. 따라서 지용성 물질은 그대로 통과시켜버린다. 보베가 개발한 항히스타민제(제1세대 항히스타민제라고 불린다)는 지용성이기 때문에 이 혈액뇌관문을 통과할 수 있다. 따라서 제1세대 항히스타민제를 복용하면 졸음이 몰려오는 것이다.

또한 제1세대 항히스타민제는 히스타민 H1 수용체뿐 아니라 **아세틸콜린**acetylcholine이라는 정보 전달물질에 반응하는 **아세틸콜린 수용체**와도 결합한다. 히스타민 H1 수용체의 형태가 아세틸콜린 수용체와 무척 비슷하기 때문이다. 따라서 제1세대 항히스타민제에는 아세틸콜린의 기능을 억제하는 작용(항콜린 작용)도 있으므로 변비나 갈증 등의 부작용을 일으키기 쉽다.

이후 항히스타민제의 개발은 '졸음'과의 싸움이었다. 그리고 1983년, 이른바 제2세대 항히스타민제가 개발되었다. 제1세대 항히스타민제가 지용성이었던 반면 제2세대 항히스타민제는 수용성이기 때문에 혈액뇌관문을 잘 통과하지 못해 신경세포에 도달하기 어려워졌다. 그리고 최근에는 한층 부작용이 적은 제3세대 항히스타민제가 개발되었다.

요즘 제1세대 항히스타민제는 그 부작용을 역이용해 수면유도제나 멀미약으로도 판매되고 있다. 또한 감기약에는 콧물, 재채기를 완화시키기 위해 제1세대 항히스타민제가 포함되어 있는데, 어린아이가 감기에 걸렸을 때는 푹 재워서 증상을 빨리 개선시키려는 의도로 일부러 제1세대 항히스타민제가 포함된 약을 의사가 처방하는 경우도 있다. 하지만 앞서도 언급했듯이 임페어드 퍼포먼스가 발생하기 때문에 안일하게 복용을 권할 수는 없다. 역시 약은 '양날의 검'이 될 수 있다는 사실을 머릿속에 새겨두는 것이 좋다.

제 **1** 장

감염과 면역-
외적으로부터 몸을 지키는 구조

무더운 여름날에 고깃집에서 차가운 맥주와 함께 불고기를 먹다가 몇 시간 뒤에 배 속에서 폭탄이 터지는, 즉 식중독에 걸리는 경우가 있다. 또한 감기, 인플루엔자에 걸리거나 혹은 풍진이나 홍역에 걸리기도 한다. 이처럼 우리의 몸은 질병의 원인이 되는 이물질, 다시 말해 **세균**이나 **바이러스**, **진균**과 같은 **병원체**에 항상 노출되어 있다. 우리가 건강하고 쾌적한 생활을 영위하려면 이러한 병원체로부터 몸을 지키는 구조가 필요하다. 이 구조를 **면역**이라 부른다. 이번 장에서는 병원체에 감염된다는 것은 무엇을 의미하는지, 그리고 우리의 몸은 어떻게 이러한 병원체를 퇴치하는지, 그 구조에 대해 이야기하고자 한다.

세균이 만들어내는 독소가 감염증을 일으킨다

우리는 세균에 감염되어 폐렴, 방광염, 설사, 결핵 등에 걸릴 때가 있다. 이를테면 콜레라균에 감염되면 설사를 하고, 폐렴구균에 감염되면 폐렴에 걸린다. 이처럼 어느 장기에 어떤 세균이 감염되느냐에 따라 발생하는 질병이나 증상이 달라진다.

왜 불고기를 먹고 식중독에 걸린 것일까? 첫 번째로는 고기를 구울 때 사용한 젓가락을 그대로 써서 밥이나 샐러드를 먹었을 경우를 생각해볼 수 있다. 날고기에 부착되어 있던 식중독의 원인균이 젓가락에 들러붙고, 그 젓가락으로 밥이나 샐러드를 먹었기 때문에 식중독에 걸린다. 날고기를 구울 때는 식사용 젓가락 대신 전용 집게나 전용 젓가락을 써야 한다.

일본에서 장관출혈성 대장균O-157에 따른 식중독 사례는 2007년부터 2017년까지 11년 동안 연간 10~30건, 환자 수는 100~1000명으로 증가하고 있다.[1] 참고로 O-157의 O란 대장균의 표층에 있는 항원을 의미한다. 이 대장균의 O 항원은 1번부터 181번까지 존재하는데, O-157은 157번째 O 항원을 지니고 있다는 뜻이다. 또한 O-157 이외에도 O-26, O-111, O-121 등도 장관출혈성 대장균으로 알려져 있다. 일반적으로 식중독을 일으키려면 원인균을 10만~100만 마리 이상 먹어야 한다고 알려져 있다. 반면 O-157 등의 장관출혈성 대장균은 감염력이 매우 강해, 세균을 100~1000마리만 먹어도 발병한다고 한다. 다만 O-157은 75℃에서 1분 이상 가열하면 사멸하므로 식자재는 충분히 가열한 뒤 먹는 것이 중요하다.

통상적인 대장균은 독소를 형성하지 않으나 대장 표면의 점막에 들러붙은 장관출혈성 대장균은 베로 독소verotoxin를 만들어내 대장의 표면을 뒤덮고 있는 점막상피세포를 파괴한다. 대장의 점막상피세포 밑에는 무수히 많은 모세혈관이 깔려 있기 때문에 점막상피세포가 파괴되면 대장에서 출혈이 발생하게 된다. 또한 베로 독소가 혈액으로 들어가 온몸을 돌아다니면서 빈혈이나 혈소판 감소, 급성신부전 등을 일으키는 용혈성 요독 증후군hemolytic uremic syndrome, HUS으로 발전하기도 한다.

베로 독소라는 이름의 유래에 대해서 설명하자면, 그 배경에는 1960년대에 걸쳐 세계 각지에서 유행한 폴리오 바이러스 때문에 발생하는 **소아마비**가 있다(→바이러스에 대한 설명은 56쪽에서). 사실 폴리오 바이러스를 연구하려면 바이러스가 대량으로 필요하다. 하지만 폴리오 바이러스를 인간에게 감염시켜서 바이러스를 회수하기란 절대로 불가능한 일이다. 당시 일본의 지바 대학교 의학부에 소속되어 있었던 야스무라 요시히로는 시행착오 끝에 1962년, 아프리카초록원숭이의 신장에서 추출한 세포가 폴리오 바이러스를 증식시키는 데 매우 효과적임을 발견했다. 이후 이 세포는 다양한 바이러스를 증식시키는데 유효하다는 사실도 밝혀졌다. 하지만 어째서 원숭이의 신장 세포에서 바이러스가 잘 증식하는지, 그 원리는 여전히 알려지지 않았다. 야스무라는 아프리카초록원숭이의 신장 세포를 '초록색 신장'이라는 뜻인 Verda Reno를 줄여서 Vero 세포라 부르기로 했다.

장관출혈성 대장균은 이 베로 세포에 대해 독성이 강한 독소를 생산해 없애버린다. 그래서 장관출혈성 대장균이 내뿜는 독소를 베로 독소라고 부르게 된 것이다. 이후의 연구를 통해 복통, 혈변, 점액변을 일으키는 **적리균**이 만들어내는 **시가 독소**shigatoxin와 베로 독소가 매우 유사하다는 사실이 밝혀졌다. 참고로 적리균의 학명은 Shigella인데, 이는 시가 기요시가 1898년에 발견했기 때문에 붙은 이름이다. 이처럼 세균이 병을 일으키는 원인 중 하나로 세균이 만들어내는 독소가 있다.

세포 안으로 침입한 세균이 세포를 파괴해 병에 걸리게 하는 경우도 있다. 그 예시가 바로 **결핵균**이다. 일본에서 폐결핵은 19세기 후반까지 노해勞咳라고 불리며 해마다 무려 수십 만 명의 목숨을 앗아갔다.

폐에 침입한 결핵균은 혈액 안에 있는 이산화탄소와 산소가 교환되는 폐포에 정착한다. 이후 결핵균은 세포에 존재하는 면역세포인 **대식세포**(→자세한 내용은 61쪽에서)에게 잡아먹힌다. 일반적으로 대식세포에게 잡아먹힌 세균은 대식세포 안에서 **파고좀**phagosome (식포)이라 불리는 주머니에 감싸이게 된다. 그리고 파고좀은 살균 성분이 든 주머니인 리소좀lysosome과 융합된다. 이렇게 해서 파고좀 안으로 들어간 세균을 없애는 것이다. 예를 들어, 얼룩이 생긴 양복을 넣은 비닐봉지를 떠올려보라. 이것이 파고좀이다. 그리고 얼룩을 지울 때 쓰는 캡슐 세제가 바로 리소좀에 해당한다. 즉, 양복의 얼룩을 지우려면 비닐봉지(=파고좀)에 캡슐 세제(=리소좀)를 넣고 섞어야 한다는 말이다(그림 4).

결핵균은 일반적인 세균과 마찬가지로 파고좀에 삼켜진다. 하지만 결핵균의 **세포막** 외부를 뒤덮은 **세포벽**(→자세한 내용은 48쪽)의 지질脂質 성분은 파고좀과 리소좀이 융합하지 못하도록 방해한다. 다시 말해 비닐봉지에 캡슐 세제를 넣지 못하게끔 막아버리는 것

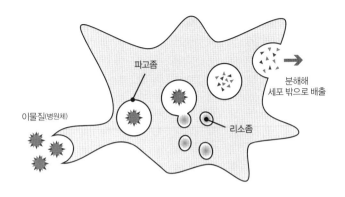

파고좀

이물질(병원체)

분해해
세포 밖으로 배출

리소좀

〈그림 4〉 대식세포가 이물질을 탐식하고 분해하는 과정

이다. 따라서 결핵균은 대식세포 안에서 계속 증식하게 된다. 그리고 최종적으로는 대식세포를 파괴한다. 이후 다른 대식세포 안에서도 계속 증식한다. 이러한 과정을 되풀이하며 다른 폐포로까지 영역을 확대해나가는 것이다. 대식세포가 파괴되더라도 면역능력이 정상적인 대부분의 건강한 사람이라면 T 세포(→자세한 내용은 62쪽에서)의 도움을 빌려서 결핵균과 함께 감염된 대식세포까지 모두 제거해버리므로 무증상, 혹은 가벼운 증상에 그칠 뿐이다. 하지만 어린아이나 면역력이 낮은 사람은 결핵에 걸린다.

결핵이 아직까지 사라지지 않은 일본

제2차 세계대전 중(1943년) 일본 내 결핵 사망률은 인구 10만 명당 235명(약 425명 중에 1명, 2017년의 약 130배)이다. 상황이 이러하니 결핵은 망국병亡國病이라고도 불렸다. 전쟁이 끝난 뒤로 결핵 감염자 수가 급격하게 낮아지면서 '결핵의 유행은 끝나지 않았느냐'라는 말까지 나왔다. 하지만 결핵은 결코 과거의 병이 아니었다. 1996년부터 3년 연속으로 환자 수가 증가했기 때문에 일본 정부도 '결핵 긴급사태 선언'을 해 주의를 촉구한 바 있다. 그 결과 현재에 이르러 환자의 수가 간신히 감소 추세로 돌아섰다.

특히 최근의 결핵은 과거에 감염된 적이 있는 고령자에게 재발하는 일이 많다. 또한 '결핵은 과거의 질병'이라는 오해 때문에 기침이 멎지 않는데도 진찰을 받지 않거나, 진찰은 받았지만 의사가 결핵을 의심하지 않아 뒤늦게 발견되는 경우도 있다. 그렇기 때문에 일본에서는 '한때 발병이 줄어들었지만 다시금 주목받기 시작한 감염증', 이른바 재흥감염증re-emerging infectious diseases으로서 결핵을 주시하고 있다. 2017년, 일본에서 결핵에 감염될 확률(이환율)은 인구 10만 명당 13.3명(약 750명 중 1명, 매년 1만 7000명 정도의 환자가 새롭게 발생하고 있다)이다. 이는 다른 선진국보다 몇 배(2016년 통계에 따르면 미국은 인구 10만 명당 2.7명, 영국은 인구 10만 명당 8.8명)나 높은 수치로, 1970년대의 미국 수준이라는 점에서 일본은 아직까지도 '결핵 중진국'에 위치해 있다.[2]

코흐의 원칙

이 결핵균은 1882년에 독일의 로베르트 코흐가 발견했다. 여담이지만 당시 코흐가 의사로 파견된 독일의 시골 마을에는 탄저병이라 해서 석탄처럼 까만 딱지가 생겨난 뒤 목숨을 잃게 되는 원인을 알 수 없는 병이 만연해 4년 동안 주민 528명과 가축 5만 6000여 마리가 목숨을 잃었다. 그래서 코흐는 탄저병으로 죽은 양의 혈액을 회수해 그 혈액을 실험용 쥐에게 주사했다. 그러자 그 쥐는 마찬가지로 탄저병에 걸려 죽고 말았다. 이후 다양한 실험을 되풀이하고 시행착오를 겪은 결과, 최종적으로 코흐는 탄저병에 걸려 죽은 양의 피 안에서 육안으로는 확인할 수 없지만 광학현미경을 이용하면 관찰할 수 있는 크기의 실 모양 미생물을 발견해냈고, 그 미생물만을 배양하는 데 성공했다. 그리고 배양한 미생물을 주사한 쥐 역시 탄저병에 걸려 죽는 것을 확인했다. 이리하여 1876년, 코흐는 그 실 형태의 미생물에 탄저병의 원인균이라 해서 탄저균이라는 이름을 붙였다.

코흐가 탄저균을 발견하는 데 이용한 위의 실험 방식은 현재도 매우 중요하게 여기는 '코흐의 원칙'이다. 코흐의 원칙은 다음과 같다.

(1) 병의 원인이 되는 미생물은 반드시 병변 부위에서 발견되어야 한다.

(2) 그 미생물을 병변 부위에서 분리할 수 있어야 하며, 순수하게 배양한 것을 건강한 동물에 접종했을 때도 같은 병이 발병해

야 한다.

(3) 그 동물의 병변 부위에서도 접종에 사용된 것과 동일한 미생물이 발견되어야 한다.

코흐는 이 원칙을 이용해 앞서 언급한 결핵균뿐 아니라 1884년에는 콜레라균도 발견했다. 코흐는 '결핵에 관한 연구와 발견'으로 1905년에 노벨생리학과 의학상을 수상했다.

하지만 병의 원인인 세균을 발견했다 해서 그 감염증을 당장 극복할 수 있다는 말은 아니다. 결국 치료법을 개발해야 하는 것이다. 그래서 코흐는 배양한 결핵균을 가열해 멸균한 뒤, 여과해 결핵균 본체를 제거한 여과액을 만들었다. 그리고 '투베르쿨린tuberculin'이라는 이름이 붙은 이 여과액을 사람에게 주사하면 결핵을 예방하거나 치료할 수 있으리라 생각했다. 하지만 아쉽게도 투베르쿨린은 결핵의 치료약이 되지는 못했다.

실패는 성공의 어머니 — 세상을 바꾼 약 페니실린

세균 연구에서는 한천배지를 이용한다. 한천배지는 세균 배양에 필요한 영양소가 포함된 배양액에 한천을 섞고 끓는 물에 소독한 뒤, 그것을 평평한 유리 접시(연구실에서는 페트리 접시라고 부른다)에 부은 다음 차갑게 굳혀서 만든다. 이 한천배지에 세균을 바르면 세균은 한천

내부의 수분과 영양소를 빨아들여 증식해나간다. 공기 중에는 많든 적든 곰팡이 포자나 세균이 떠다니고 있다. 따라서 곰팡이 포자나 공기 중의 세균이 한천배지에 섞이면 한천배지는 순식간에 곰팡이와 세균으로 가득해지고 실험은 실패한다. 이러한 실패를 오염(연구실에서는 컨테미네이션^{contamination}을 줄여서 컨템이라고 부른다)이라고 부르는데, 어떻게 오염을 막으면서 실험을 세심하게 진행할지가 대단히 중요하다. 그래서 연구실에서는 실험기기를 사용하기 직전에는 가스버너로 살균을 하고, 페트리 접시를 조작할 경우에는 공기의 흐름이 없는 장소에서 실시한다. 이처럼 세심하게 주의하더라도 오염이 발생하는 경우가 있다.

영국의 알렉산더 플레밍은 어느 날 페트리 접시에 세균을 바르는 실험을 하고 있었다. 한창 실험을 진행하던 플레밍은 그만 재채기를 하고 말았다. 며칠 뒤, 플레밍은 재채기를 해서 타액을 흩뿌렸던 페트리 접시에서 흥미로운 일이 벌어졌음을 알아차렸다. 재채기 때문에 타액이 묻은 부분에만 세균이 증식하지 않았던 것이다. 그래서 플레밍이 불투명한 노란색 세균의 현탁액•에 타액을 첨가해보니 채 몇 분이 지나기도 전에 세균의 현탁액은 물처럼 투명해졌다. 다시 말해 타액에는 세균을 죽이는 성분, 살균작용이 있다는 사실을 발견한 것이다.

• 액체 속에 미세한 고체 입자가 용해되지 않은 채 퍼져 있는 혼합물.

이후 플레밍은 타액뿐 아니라 콧물이나 눈물, 혈청 등에도 이 살균성분이 함유되어 있으며, 특히 달걀의 흰자에 대량으로 함유되어 있음을 발견했다. 1922년에 플레밍은 이 살균 성분에 세균을 녹이는 (lysis) 효소enzyme라는 의미에서 리소짐lysozyme이라는 이름을 붙였다.[3] 유감스럽게도 이 리소짐은 병원성이 강한 세균에는 효과가 없었기에 세균 감염 치료제가 되지는 못했다.

이후 플레밍은 우리의 코 안쪽이나 피부에 서식하며 평소에는 아무런 해를 끼치지 않는 포도상구균 균주•를 한천배지에서 증식했을 때 독성과 색깔의 연관성을 알아보고 있었다. 스코틀랜드에서 가족과 여름휴가를 보낸 후 연구실에 돌아온 플레밍이 휴가 중에 연구실 학생이 대신 진행해주었던 실험의 결과를 확인하던 중, 어느 페트리 접시 하나가 눈에 띄었다. 그 페트리 접시에는 푸른곰팡이가 증식해 있었다. 보통은 오염이 발생했으니 실험을 망쳤다, 실험실을 어떻게 정리한 거냐며 꾸짖을 법한 상황이었지만 플레밍은 꾸짖기 전에 푸른곰팡이가 피어난 주변에는 포도상구균이 생겨나지 않았다는 사실에 주목했다. 리소짐을 발견한 경험 덕택에 푸른곰팡이가 세균의 생육을 방해하는 물질, 다시 말해 **항생물질**을 생산한다는 사실을 직감한 것이다. 이는 리소짐이 발견되고 6년 뒤인 1928년 9월의 일이다. 이후 이 푸른곰팡이를 곰팡이 전문가에게 보여주고 감정을 맡긴 결과,

---

• 단일한 개체나 순수하게 분리해 배양해낸 생명체에서 파생된 계통, 혹은 개체군.

페니실륨 노타툼Penicillium notatum 이라는 곰팡이라는 사실이 밝혀졌다. 이리하여 플레밍은 푸른곰팡이가 만들어내는 항생물질에 **페니실린** penicillin이라는 이름을 붙였다.[4]

참고로 플레밍이 페니실린을 발견한 페트리 접시는 대영박물관에서 오염되지 않도록 지금도 소중하게 전시되고 있다. 플레밍은 이 푸른곰팡이를 연구실의 학생에게 먹였다(지금이라면 직장 내 폭력이라고 불릴 법한 사례지만). 그 푸른곰팡이를 먹은 학생은 블루치즈 같은 맛이 난다고 표현했고, 다행히도 아무런 부작용도 일으키지 않았다(먹은 학생의 용기에는 경의를 표한다). 플레밍은 푸른곰팡이의 배양액을 실험용 쥐에게 주사했지만 아무런 부작용도 일어나지 않았다. 즉, 푸른곰팡이 자체에는 독성이 없었던 것이다. 다만 푸른곰팡이가 피어난 식품에는 다른 유독한 곰팡이독(이를테면 간암을 일으키는 아플라톡신)을 생산하는 곰팡이가 증식할 우려도 있으므로, 푸른곰팡이라고 해서 안심하고 함부로 먹지 않기를 바란다. 이후 플레밍은 푸른곰팡이에서 순수한 페니실린을 대량으로 정제하고자 시도했지만 쉽지 않은 일이었다. 사실 페니실린은 화학적으로 대단히 불안정해 오랫동안 보존하기도, 순수하게 추출하기도 어려웠던 것이다.

페니실린의 대량 합성과 제2차 세계대전

페니실린이 발견되고 10년이 지난 1938년, 하워드 W. 플로리와 언스트 B. 체인은 플레밍의 페니실린 발견에 감명을 받아 페니실린 연구를 시작했다. 1940년에는 페니실린을 추출하는 데 성공했고, 세균을 감염시킨 실험용 쥐에 페니실린을 투여하자 쥐 자체에서는 아무런 부작용도 일으키지 않은 채 세균만을 없애는 데 성공했다.[5] 그리고 페니실린을 농축하는 기술을 확립, 1943년에는 1개월에 50만 명 이상을 치료할 수 있는 페니실린을 만드는 데 성공했고, 제2차 세계대전 중에 부상당한 병사의 치료제로 사용하면서 수많은 목숨을 구했다. 그리고 제2차 세계대전이 끝난 1945년, 플레밍, 플로리, 체인 세 사람은 '페니실린의 발견, 다양한 전염병에 대해 페니실린이 지닌 치료 효과의 발견'으로 노벨생리학·의학상을 수상했다.

세균은 연약한 세포막 바깥쪽에 **세포벽**이라 불리는 다당多糖으로 이루어진 매우 단단한 갑옷을 둘러서 외부로부터 자신의 몸을 지킨다. 플레밍이 발견한 리소짐은 세균의 세포벽에 존재하는 다당을 분해하는 효소이기 때문에 세포벽을 산산이 흩어놓는다. 그 결과, 세포벽이 사라진 세균의 세포막은 곧바로 파괴되고 만다. 그리고 세균이 녹아버리는, 다시 말해 **용균**溶菌되는 것이다. 한편으로 페니실린은 세균이 세포벽을 만들 때 필요한 효소와 결합해, 효소가 기능하지 못하게 한다. 따라서 세균은 세포벽을 형성하지 못해 증식할 수 없게 된다. 이것이 페니실린의 항균작용이다. 플레밍이 학생에게 푸른곰팡이를 먹였음에도 부작용이 일어나지 않았던 이유는 우연찮게도 우리 인간이나 실험용 쥐 등 동물의 세포에는 세균과 같은 세포벽이 없기 때문이다. 그 덕분에 항생물질인 페니실린은 인간이나 쥐와 같은 동물에게 무해했던 것이다.

이 페니실린 덕택에 우리는 파상풍균, 결핵균, 적리균에 감염되더라도 목숨을 지킬 수 있게 되었다. 참고로 세균의 증식을 억제하거나 세균을 죽이는 약을 통틀어 **항균제**라고 부른다. 이 항균제 중에서도 페니실린처럼 세균이나 진균과 같은 '생물'을 이용해 만드는 물질은 따로 항생물질이라고 부른다.

플레밍의 예언 — 진격의 약제내성균

당초 페니실린은 세균 감염을 매우 효과적으로 억제했다. 하지만 페니실린이 통하지 않는 세균이 늘어나기 시작했다. 이는 세균이 페니실린을 분해하는 효소를 스스로 만들어내고 있기 때문이다. 이와 같은 세균은 **약제내성균**이라 하는데, 400만 년 전의 동굴이나[6] 북극의 영구동토에서도 발견되고 있다.[7] 다시 말해 세균에는 환경에 적응하는 능력이 있다는 뜻이다. 사실 플레밍은 1945년에 노벨상 수상 연설에서 이 약제내성균의 출현을 예언한 바 있다.

어째서 세균은 항생물질에 저항력을 갖게 되는 것일까? 이는 세균 자신의 유전자가 돌연변이를 일으킨 결과 그러한 능력을 갖게 되었거나, 다른 세균에서 항생물질을 분해하기 위한 유전자를 얻었거나, 혹은 항생물질을 부적절하게 사용한 탓에 벌어지는 일이다. 우리의 몸에는 위나 장과 같은 소화기, 피부나 구강, 코, 질 등 다양한 부위에 약 100종류 이상, 100조 마리가 넘는 세균이 상주하고 있다. 이러한 상태를 **마이크로바이옴**microbiome이라고 부른다. 마이크로바이옴에는 유익균과 유해균, 그리고 기회감염균•이 있다. 이들 세균은 서로 수적 균형을 유지하며 증식하므로, 평소에는 우리에게 질병을 초래하지 않는다. 그러나 마이크로바이옴에는 약제에 대한 내성 능력을 획득하려는 세균도 존재한다. 다만 그런 세균은 자신의 능력을 변화시키는 데 에너지를 소비하고 있기 때문에, 마이크로바이옴에서는 소수파로서 근근이 살아갈 뿐 당장 질병을 일으키지는 않는다. 그러나 우리의 몸에 유익한 대다수의 유익균, 기회감염균이 사라진다면 어떻게 될까. 이렇게 대다수의 세균이 모습을 감추는 상황이 바로 '항생물질을 복용'했을 때다. 대다수의 세균에는 항생물질이 큰 효과를 발휘한다. 항생물질을 복용해 대다수의 세균이 소실되면, 항생물질에 대해 내성을 얻은 소수의 세균이 급격하게 증식하기 시작한다. 다시 말해 항생물질을 복용하면 할수록 약제내성균의 증식을 억눌러야 할 다양한 세

• 평상시에는 무해한 상태로 존재하지만 면역력 저하 등의 특정한 상황이 벌어지면 유해한 방향으로 작용하는 균.

균이 사라지고, 약제내성균만 불어나게 되는 것이다.

또한 본래 사흘 동안 복용해야 할 항생물질을 병세가 호전되었다는 이유로 하루 만에 끊었다간 더욱 큰 문제가 생긴다. 항생물질을 올바르게 복용했다면 세균을 살균할 수 있지만, 그렇지 않다면 세균 일부가 살아남아 약제에 대한 내성을 지니게 되는 것이다. 따라서 현재는 항생물질이 전혀 통하지 않는 '악마의 내성균(카바페넴 내성 장내세균 Carbapenem resistant enterobacteriaceae, CRE)'이 출현하고 말았다.[8]

감기에 걸리면 감기균에 감염되었다고 말하는 사람도 있지 않을까. 아니면 '병원에 갔더니 항생물질을 주더라'라고 말하는 사람이 있을 수도 있다. 하지만 감기균이란 존재하지 않으며, 대부분의 감기는 이후 설명할 바이러스 때문에 발생한다. 이 바이러스는 세균과 구조가 전혀 다르기 때문에 항생물질은 바이러스를 물리치는 데 전혀 효과가 없다. 세균 감염 때문에 걸린 병이 아닌데도 항생물질을 복용했다간 오히려 약제내성균이 출현할 가능성만 늘어난다. 그러니 감기에 걸렸다 해서 항생물질을 복용하는 것은 추천하지 않는다. 다만 폐렴이나 심각한 급성부비강염(코 안쪽이 막혀서 두통이 생겼을 때)과 같은 경우에는 항생물질을 복용할 필요가 있다. 역시 믿을 만한 의사에게 진찰을 받고 상담하는 것이 중요하다.

진균 ─ 평소에 즐겨 먹지만 때로는 무섭게 돌변하는 균

곰팡이나 **효모** 등은 세균이 아니라 **진균**眞菌이라고 부른다. 일반적으로 효모라 하면 '빵 효모'나 '맥주 효모'가 떠오르지 않을까. 효모는 동그란 달걀에 작은 알갱이가 들러붙은 형태를 띠고 있다. 한편 곰팡이라 하면 욕실 타일 줄눈에서 볼 수 있는 검은곰팡이나 귤, 떡에 피어나는 푸른곰팡이처럼 동그랗게 점점이 퍼져나가는 모습이 연상될 듯하다. 된장이나 간장, 전통주를 만들 때 사용하는 누룩 역시 사실은 곰팡이다. 그리고 버섯도 진균에 속한 미생물이다. 알고 보면 우리는 진균류를 일상적으로 먹고 있는 셈이다.

평소에 먹고 있을 정도이니 이러한 진균의 감염력은 대단히 약하다. 그렇기 때문에 진균에 감염된 경우는 대부분 면역력이 저하되었을 때다. 진균에 따른 감염증 중에서 가장 친숙하면서도 자주 발생하는 질병으로는 피부에 백선균이 감염되면서 생기는 무좀이 있다. 진균에 감염되면 조직에 침입한 진균이 증식해 염증반응을 일으키면서 가려움증이나 발적●이 발생한다. 또한 피부에 정상적으로 존재하는 세균의 균형이 무너지면서 얼굴이나 등에 여드름 같은 발적이 생겨나기도 한다. 지금까지 여드름은 프로피오니박테륨 아크네 Propionibacterium acnes(아크네균)라 불리는 세균 때문에 발생한다고 여겨져

● 發赤, 피부가 빨갛게 부어오르는 현상.

왔다. 하지만 최근의 연구를 통해 말라세지아 푸르푸르^{Malassezia furfur}(말라세지아균)라는 진균 또한 여드름의 악화와 관련이 있다는 사실이 밝혀졌다. 즉, 세균과 진균 모두에 제대로 대처하지 못하면 여드름은 낫지 않을지도 모른다는 뜻이다.[9]

진균은 세균과 마찬가지로 세포벽이 있다. 하지만 진균은 구조나 대사계가 우리 인간의 세포와 유사하기 때문에 항생물질을 사용할 수가 없다. 또한 진균을 죽이는 약제인 항진균제는 인간의 세포에도 유해하므로 진균만을 공격할 수 있는 효과적인 항진균제는 한정적이다.

기생충 — 예상치 못한 곳에 숨어 있는 존재

기생충은 자신보다 큰 동물, 이를테면 인간이나 쥐와 같은 동물에 기생해 생명활동을 영위하는 생물을 가리킨다. 크기도 현미경을 써서 관찰해야만 보일 정도로 적혈구에 기생하는 마이크로미터(0.001mm) 크기의 말라리아원충부터 장에 기생하며 몇 미터(!)까지 커지는 촌충까지 다양하다. 기생충 중에는 기생한 장기의 세포를 파괴하거나 염증을 일으켜서 숙주에게 상해를 입히는 경우도 있다.

최근 몇 해 동안 고등어, 연어, 꽁치, 전갱이, 오징어 등에 기생하는 기생충인 아니사키스 때문에 발생한 식중독(아니사키스증)이 연간 약 7000건에 달한다고 한다. 이 아니사키스증은 아니사키스 유충이 기생하는 어패류를 회 등으로 생식했을 때 발생한다. 이는 저온유통 시스템이 발달하면서 냉동하지 않아도 신선한 어패류를 먹을 수 있게 되었기 때문이다. 다시 말해 이전 같았으면 먹기 전에 가열하거나 냉동했던 생선을 현재는 날것 그대로 먹게 되었다는 뜻이다. 홋카이도의 향토음식인 '루이베'는 연어나 송어를 냉동해 얼린 채 회로 먹는 요리다. 이는 연어나 송어에 아니사키스가 존재한다는 전제하에 냉동으로 아니사키스를 사멸시켜 식중독을 막으려는 선인들의 지혜였을지도 모른다. 또한 어패류를 잘게 써는 요리인 '오징어 소면'이나 '전갱이, 정어리 다타키●'는 어패류에 기생하는 기생충까지 모조리 잘게 썰어 식중독을 방지하는 요리법이었다고도 볼 수 있다.

10억 명 이상의 목숨을 구한 약의 발견

옴이라는 질병을 알고 있는가? 개선충이라 불리는 크기 0.1mm 정도의 진드기가 인간의 피부에 기생하면서 생겨나는, 극심한 가려움증을 동반하는 피부질환이다. 옴은 노인보호시설이나 기숙사 등 집단으로 생활하는 장소에서 찾아볼 수 있는 감염증으로, 시설 내에 한 명이라도 옴에 감염된 환자가 있으면 순식간에 감염이 확산되고 만

● 전갱이, 정어리, 날치 등의 작은 생선을 통째로 다져서 먹는 요리.

다. 따라서 즉시 치료해야 한다. 이전까지는 살진드기제인 감마벤젠헥사클로라이드라는 연고를 몇 개월 동안 온몸에 발라서 없애는 방식이 일반적인 치료법이었다. 하지만 온몸에 연고를 바른 다음 6시간 뒤에 목욕을 해야 하고, 옷이나 침대보 등이 끈적끈적해지기 때문에 노인보호시설 등에서 감염이 확산되어 다수의 환자가 발생한 경우에는 간호하는 측의 부담이 크게 늘어나는 약이다.

현재는 더욱 간단하게 옴을 없앨 수 있는 특효약이 있다. 동물에 기생하는 기생충을 죽이기 위해 개발된 구충제가 알고 보니 인간에게도 사용할 수 있는 약이었던 것이다. 이 약의 이름은 이버멕틴(상품명: 멕티잔®)이다. 1974년, 오무라 사토시는 일본 시즈오카현의 가와나에 위치한 골프장 부근의 토양에서 세균의 일종인 '스트렙토마이세스 아베르멕티니우스Streptomyces avermectinius'라는 방선균을 발견했다. 이 균이 만들어내는 아베르멕틴은 기생충의 활동을 막고 살충 효과가 있다는 사실이 밝혀졌다. 이후 아베르멕틴을 인간에게 사용할 수 있도록 개량한 약이 바로 이버멕틴이다.

아프리카에서는 강가에서 먹파리에게 쏘여 사상충이라 불리는 실 형태의 벌레에 감염되는 경우가 있다. 사상충은 몸 안을 이동한다. 눈 조직도 예외는 아닌데, 사상충이 이동하면서 눈 조직에 상처를 내기 때문에 시각장애를 일으키거나 시력을 잃기도 한다. 이 사상충에 감염되어 발생한 실명은 회선사상충증이라 불리며, 전 세계에 30만 명에 가까운 사람들이 시력을 잃었다고 한다.

이버멕틴은 동물용 약으로 이미 20조 원 이상의 매상을 기록했다. 그래서 개발회사인 메르크사는 회선사상충증에 대한 치료제인 이버멕틴을 아프리카 사람들에게 무상으로 제공했다. 그 결과, 10억 명 이상의 사람들이 이버멕틴을 복용해 수십 만 명이 넘는 사람들이 실명을 피할 수 있었다고 한다. 전 세계에서 기생충이나 옴에 감염된 환자를 구한 약인 이버멕틴을 개발한 오무라는 그 공적을 인정받아 2015년에 노벨생리학·의학상을 수상했다.

 감염의 기본 강의 ② 바이러스

바이러스라 하면 **인플루엔자**influenza를 떠올리는 사람이 많으리라 본다. 바이러스 때문에 발생하는 감염증은 감기, 홍역, 풍진, 볼거리 등이다. 이 바이러스는 바깥쪽이 외피envelope라 불리는 단백질 껍질로 이루어져 있으며, 내부에는 유전정보인 DNA나 RNA와 같은 핵산만이 들어 있을 뿐이다. 바이러스에는 세균이나 진균과는 다르게 세포벽이나 세포막이 없다. 항생물질이나 항진균제는 세포벽의 합성을 방해하므로 세포벽이 없는 바이러스에게는 효과가 없다는 뜻이다.

그렇다면 세포벽이나 세포막이 없는 바이러스는 생물일까? 생물은 세포 외부에서 물질을 받아들이고 그것을 분해해 자신들이 살아가기 위한 에너지를 만들어내는 대사代謝를 하면서, 증식을 되풀

이해 자신의 유전정보를 다음 세대에게 전달한다. 한편 바이러스는 자가증식이 불가능하기 때문에 생물은 아니라고 받아들여진다.• 바이러스는 감염된 세포(숙주라고 불린다)의 구조를 이용해 자신을 복제하게 해서 증식한다. 세포 감염 이후로 바이러스가 어떻게 행동하는지는 바이러스의 종류에 따라 크게 다르다. 이를테면 설사의 원인인 로타 바이러스는 장 표면을 덮고 있는 상피세포(장관상피세포)에 감염해 숙주인 장관상피세포를 곧바로 죽이는 대신 세포의 기능을 방해한다. 구체적으로 말하자면 장이 영양분을 흡수하고 혈액으로 받아들이기 위해 이용하는, 물질 운반용 단백질의 합성을 방해하는 것이다. 따라서 장은 영양분을 흡수하지 못하게 되고 설사를 하게 된다. 바이러스에 따라서는 감염된 세포를 증식시키기도 한다. 예를 들어, 인유두종 바이러스는 증식성 사마귀를 발생시킨다. 이 인유두종 바이러스는 자궁경부암의 발병과 관련이 있다고 한다.

바이러스 감염에는 어떠한 약이 효과를 발휘할까. 여기에서는 인플루엔자에 감염된 상황을 예로 들어 이야기를 진행하겠다. 인플루엔자 바이러스의 표면에는 스파이크라 불리는 가시 같은 것이 있다. 인플루엔자의 경우에는 이 스파이크를 헤마글루티닌HA이라 부르며, 모두 16종이 존재한다. HA가 세포막 표면에 존재하는 시알

• 따라서 무생물과 생물의 중간에 있다 해서 '반생물'이라 부르기도 한다.

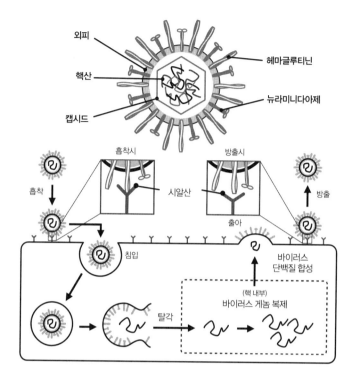

외피

헤마글루티닌

핵산

뉴라미니다아제

캡시드

흡착시

방출시

흡착

시알산

방출

침입

출아

바이러스
단백질 합성

탈각

(핵 내부)
바이러스 게놈 복제

〈그림 5〉 바이러스의 구조와 인플루엔자 바이러스가 증식하는 구조

산과 결합하면서 인플루엔자 바이러스는 세포에 침투한다. 세포는
침투한 인플루엔자 바이러스를 리소좀으로 분해한다. 하지만 분해
도중에 단백질로 이루어진 외피가 파괴되면서 안에 들어 있던 핵
산(인플루엔자의 경우는 RNA)이 노출된다. 이후 인플루엔자 바이러스
에 들어 있던 바이러스 RNA는 세포의 유전정보가 보관된 장소인
핵 내부에서 증폭된다. 그리고 이 RNA를 토대로 증폭된 단백질을

생산하는 설계도인 **전령 RNA**(메신저 RNA, mRNA)를 만들어내고, 인플루엔자 바이러스의 외피가 만들어지면 복제된 바이러스 RNA는 외피에 감싸여 세포막 표면을 통해 방출된다. 이 과정을 세포막에 싹이 난 것처럼 보인다 해서 출아(出芽)라고 부른다.

　다만 출아만으로 바이러스가 세포막 표면에서 벗어날 수는 없다. 따라서 인플루엔자 바이러스의 표면에는 시알산을 세포막 표면이나 바이러스 표면에서 떼어내는 효소인 뉴라미니다아제[NA]가 존재한다. 이 뉴라미니다아제에는 9종류가 있다. 다시 말해 헤마글루티닌은 세포막과 바이러스를 결합시키는 풀이고, 뉴라미니다아제는 세포막과 바이러스의 결합을 끊어내는 가위라고 바꾸어서 표현할 수 있다(그림 5). 이 풀과 가위는 종류가 다양하다. 여러분이 신문이나 텔레비전에서 들은 적이 있는 A 소련형 인플루엔자는 H1N1형 인플루엔자라는 다른 이름으로도 불린다. 여기서 H는 헤마글루티닌을, N은 뉴라미니다아제를 의미한다. 다시 말해 1형 헤마글루티닌과 1형 뉴라미니다아제를 지닌 것이 바로 A 소련형 인플루엔자다.

조류 인플루엔자의 정체

조류 인플루엔자는 H5N1이나 H7N9이라는 별명으로 불리는데, 본래 인간에게는 감염되지 않는 바이러스로 여겼다. 다시 말해 5형이나 7형 헤마글루티닌은 인간의 세포에 감염될 수 없다고 본 것이다. 하지만 1997년, 홍콩에서 H5N1 조류 인플루엔자에 18명이 감염되었고, 그중 6명이 사망했다.[10] 이후로 베트남, 중국 등 다양한 국가에서 산발적으로 감염이 발생하고 있다. 1918년에 전 세계에 맹위를 떨친 스페인 독감은 전 세계 20억 인구 중 약 5억 명이 감염되었고 제1차 세계대전 때 발생한 전사자 수보다 많은 약 5000만 명이 사망했다고 한다. 당시 인구 5500만 명이었던 일본에서는 무려 50만 명이 목숨을 잃었다고 한다. 그 원인이 되는 바이러스를 1997년 8월에 알래스카의 영구동토에서 스페인 독감으로 매장된 유해 4구에서 채취했다. 그리고 바이러스의 유전자를 분석한 결과, 인플루엔자 바이러스 H1N1에 조류 인플루엔자 H5H1의 유전자가 일부 섞여 있었다는 사실이 드러났다.[11][12]

사실 인플루엔자 바이러스의 외피 안에는 RNA가 8가닥 들어 있다. 그리고 감염된 세포 안에서는 바이러스 간의 유전자 교환이 간단하게 이루어지기 때문에 신종 바이러스가 발생할 가능성이 다른 바이러스에 비해 대단히 높다. 따라서 이미 인플루엔자에 감염된 사람이 조류 인플루엔자에도 연달아 감염되었다간 번식력이나 독성이 강한 '신종 바이러스'가 탄생할 가능성이 있다. 조류 인플루엔자가 확산됨에 따라 스페인 독감과 같은 감염증의 세계적인 대유행, 다시 말해 팬데믹pandemic이 발생할지도 모른다.

감염에 대항하는 구조 ― 면역

지금까지 언급했듯 우리의 몸에는 다양한 미생물(세균이나 진균 등)이 서식하고 있다. 그중에는 병원성 미생물도 있다. 또한 외부에는 인플루엔자 바이러스나 식중독을 일으키는 세균, 무좀을 일으키는 백선균, 혹은 기생충 따위도 존재한다. 이처럼 우리는 끊임없이 외부에서 병원체의 공격을 받고 있는데도 건강한 사람이라면 보통은 이러한 외적으로부터 몸을 지켜나가고 있다. 이는 우리의 몸이 날 때부터 이들 병원체를 배제하는 구조를 갖추고 있기 때문인데, 이 구조를 **면역**이라고 부른다.

....

면역의 기본 강의 ① 자연 면역과 획득 면역

면역에는 **자연 면역**과 **획득 면역**, 이렇게 2가지가 있다(→23쪽 '맛보기 강의-〈면역〉'을 복습). 자연 면역은 **대식세포**, **과립구**(호중구, 호산구, 호염기구의 총칭), **수상세포**, 그리고 **내추럴 킬러**natural killer, NK **세포**라 불리는 세포가 담당한다. 구체적으로는 이 세포들이 체내를 상시 순찰하며 이물질이 없는지 확인한다. 순찰 도중 이물질을 발견하면 곧바로 이물질을 공격해 파괴한다. 예를 들어, NK 세포는 그 이름처럼 이물질을 발견하면 구멍을 뚫어서 녹여버린다. 한편 대식세포나 수상세포는 이물질을 **탐식**해 제거한다. 그리고 대식세포나 수상세포는 탐식한 이물질에 존재하는 고유한 유전정보를 얻어내, 그 정보를 획득 면역을 담당하는 세포에게 전달한다(그림 6 왼쪽).

한편 획득 면역은 **헬퍼 T 세포, 킬러 T 세포, 조절 T 세포, B 세포**가 담당한다. 획득 면역은 자연 면역의 처리 범위를 벗어난 이물질, 다시 말해 혈액 속에 흐르고 있는 독소분자나 매우 작은 병원체, 또는 세포 안에 잠입한 병원체 등에 대응하는 기능을 한다. 구체적으로 헬퍼 T 세포는 자연 면역으로부터 이물질의 수배서(**항원**), 즉 지명수배서를 받아 기억하고, B 세포와 킬러 T 세포에게 지명수배서의 내용을 전달한다. 그러면 B 세포나 킬러 T 세포의 세포 수가 늘어난다. 뿐만 아니라 B 세포는 지명수배서, 다시 말해 항원과 결합하는 단백질인 **항체**를 생산하기 시작한다. 이 항체가 혈액 내부에 흐르고 있는 독소분자나 매우 작은 병원체를 없애는 역할을 해낸다.

한편 킬러 T 세포는 지명수배서인 항원을 지닌 세포, 다시 말해 병원체에 감염된 세포를 공격한다. 그리고 이물질을 모두 제거하면 면역 응답을 종료시키는 조절 T 세포가 킬러 T 세포의 활동을 억

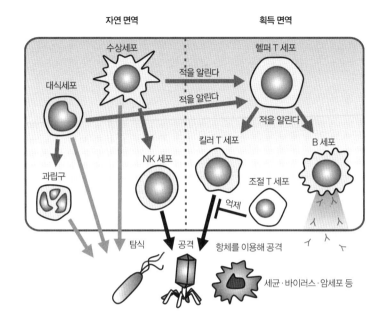

〈그림 6〉 자연 면역과 획득 면역의 구조

제하는 작용을 한다. 우리가 일상적으로 사용하는 '면역'이라는 단어는 이 획득 면역을 가리키는 경우가 많다. 또한 획득 면역이란 처음에 공격해온 이물질을 기억하는 면역 기억으로, 해당 이물질과 유사한 물질이 재차 체내에 침입했을 때나 체내에서 암세포 등 비정상적인 세포를 발견했을 때, 직접 비정상적인 세포를 공격해 파괴하거나 항체를 이용해 신속하게 면역 반응을 일으켜 몸을 지키는 구조다. **백신**은 면역 기억이라는 구조를 이용해 불활성화된 병원체나 독성이 약해진 병원체를 몸에 접종해서, 면역 세포가 병원

체의 정보를 기억하게 만들어서 접종한 병원체에 감염되지 않도록
막는다(그림 6 오른쪽).

···

백신 후진국, 일본

2018년, 일본의 수도권을 중심으로 **풍진**이 유행했다. 풍진은 풍진 바
이러스에 감염되어 발생한다. 목이 붓고, 이후로 발열과 함께 온몸에
빨간 발진이 퍼진다. 임신 20주까지의 여성이 풍진에 감염되면 태아
도 풍진에 감염된다. 그러면 사산하거나 선천성 심장질환이나 난청,
백내장 등의 장애를 지닌 아이가 태어나기도 한다. 이와 같은 장애를
선천성 풍진 증후군이라 한다. 현 시점에서 풍진의 치료제는 존재하
지 않기 때문에 풍진 백신을 접종해 예방할 수밖에 없다. 일본에서 풍
진 백신을 접종하기 시작한 때는 1977년 8월이다. 하지만 당시는 여
중생에게만 집단 접종을 실시했다. 이는 여중생이 훗날 임신했을 때
태아가 선천성 풍진 증후군에 걸리는 경우를 막기 위해서였다. 이후
1989년부터 비로소 남녀 모두에게 풍진 백신을 접종했다.* 1989년 이

----

* 한국에서는 1978년에 풍진 백신을 허가했고, 1980년 MMR(홍역, 유행성이하선염, 풍진) 백신 허가,
1983년 1차 MMR 국가예방접종사업(12~15개월), 1997년 2차 MMR 국가예방접종사업(만4~6세)을 실시
했다. 2017년 WHO에서 풍진 퇴치 인증을 받았다. (자료: 보건복지부)

전에 태어난 지금 30대보다 그 윗세대 남성은 풍진 백신을 맞지 않은 셈이다.

참고로 50대 후반 이후의 남성은 풍진 백신을 맞지 않았으며 대부분이 풍진을 경험했다고 한다. 다시 말해 현재 30~50대 초반의 남성이며 풍진에 걸린 적이 없는 사람은 언제 풍진에 감염되어도 이상하지 않은 상황이다. 실제로 2018년의 풍진 환자 중 60% 이상을 차지한 것은 30~40대 남성이다. 그래서 후생노동성*은 2018년 12월 11일, 39세부터 56세의 남성에 대해 풍진 백신을 무료로 접종하겠다고 발표했다. 일본에서 풍진의 감염이 확산되는 사태를 막고 선천성 풍진 증후군의 발생을 억제하기 위해서라도, 30대 이후의 남성이고 지금까지 한 번도 풍진에 걸린 적이 없으며 풍진 백신을 접종받지 않은 사람은 당신 자신의 건강뿐 아니라 당신의 소중한 배우자를 위해, 그리고 당신 주변의 모든 임산부를 위해 반드시 풍진 백신을 맞기 바란다. 선천성 풍진 증후군은 주사 한 번으로 막을 수 있다.

....

면역의 기본 강의 ② 체액성 면역과 세포성 면역

강의 ①(→61쪽)에서 자연 면역이 획득 면역에 이물질의 정보를 전달한다는 사실을 배웠다. 그렇다면 대식세포나 수상세포는 어떻게

---

* 한국의 보건복지부와 고용노동부에 해당한다.

이물질의 정보를, 획득 면역을 담당하는 세포에게 전달하는 것일까? 여기에서는 A라는 병원체를 예로 들어 병원체를 제거할 때 어떤 과정을 거쳐 항체가 만들어지는지에 대해 설명하겠다.

우선 자연 면역을 담당하는 대식세포나 수상세포는 병원체 A를 탐식해 세포 내부에서 소화한 뒤, 병원체 A의 단백질 단편, 즉 항원을 대식세포나 수상세포의 표면에 있는 **주요 조직 적합성 복합체**major histocompatibility complex, MHC 클래스Ⅱ라는 단백질 위에 얹는다. MHC 클래스Ⅱ는 세포 표면에 있는 접시 같은 것으로, 그 위에 병원체 A의 지명수배서가 놓여 있다고 상상하면 되겠다. 대식세포나 수상세포는 항원을 세포 표면에 올려놓는다 해서 항원제시세포라고 불린다. 그리고 병원체 A의 지명수배서를 지닌 수상세포는 **림프절**로 이동한다. 감기에 걸리면 턱 밑이 부어오를 때가 있는데, 이 부어오른 부분이 림프절이다.

획득 면역을 담당하는 **헬퍼 T 세포**는 2종류의 손이 있다. 하나는 CD4라고 불리는 손이다. 그리고 나머지 하나는 **T 세포 수용체**다. 헬퍼 T 세포는 CD4라는 손으로 MHC 클래스Ⅱ를 들고, T 세포 수용체라는 손으로 MHC 클래스Ⅱ라는 접시에 놓인 병원체 A에 대한 지명수배서의 정보를 받아든다. 그리고 여러 헬퍼 T 세포 중에서 병원체 A의 지명수배서를 본 적이 있는 헬퍼 T 세포만이 자극을 받아 활성화된다. 즉, MHC 클래스Ⅱ와 T 세포 수용체 사이에서 이물질에 관한 정보 교환이 이루어지는 것이다(**그림** 7 왼쪽).

한편 B 세포의 표면에는 **B 세포 수용체**(막형 면역 글로불린ⁱᵍᴹ이라고
도 불린다)가 있다. B 세포는 B 세포 수용체와 결합한 병원체 A나 혈
액 혹은 림프액 안에서 흐르고 있는 병원체 A의 파편을 집어삼켜
세포 내부에서 분해한다. 그다음에는 분해한 파편을 수상세포와
마찬가지로 B 세포의 표면에 있는 MHC 클래스Ⅱ라는 접시 위에
얹는다. 그리고 병원체 A의 지명수배서를 MHC 클래스Ⅱ에 얹어놓
은 B 세포와 조금 전 병원체 A의 지명수배서를 본 적이 있는 헬퍼
T 세포가 만나면 B 세포의 MHC 클래스Ⅱ와 활성화된 헬퍼 T 세
포의 T 세포 수용체 사이에서 정보 교환이 이루어진다. 그러면 헬
퍼 T 세포는 B 세포에게 **사이토카인**cytokine이라는 활성화 물질을
뿌려서 B 세포가 항체를 대량으로 생산하게 한다. 이와 같은 방식
으로 동일한 병원체 A를 공격하는 헬퍼 T 세포와 B 세포는 병원체
A를 서로 확인해가며 작업을 실시한다. 이와 같은 면역 구조를 **체
액성 면역**이라고 한다(그림 7 중앙).

　NK(내추럴 킬러) **세포**라는 이름의 유래는 태어날 때부터 다양한
세포를 공격하는 면역계 세포라는 기능에서 유래한다. 그렇다 해
서 무턱대고 아무 세포나 공격하지는 않는데, NK 세포는 MHC 클
래스Ⅰ을 지니지 않은 세포만 공격한다. 사실 이 MHC 클래스Ⅰ은
거의 대부분의 세포가 세포 표면에 지닌 접시다. 그리고 MHC 클
래스Ⅰ을 지닌 세포는 자신의 단백질을 소화해 MHC 클래스Ⅰ이라
는 접시 위에 얹고 있다. 다시 말해 MHC 클래스Ⅰ이라는 접시 위

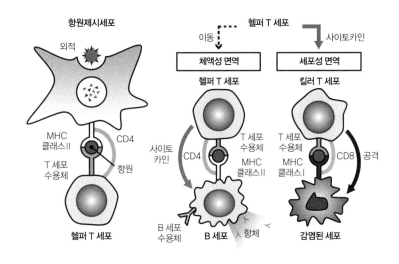

〈그림 7〉 체액성 면역과 세포성 면역

에 자신의 얼굴이 찍힌 사진을 올려놓은 셈이다. 그 덕분에 NK 세
포는 우리의 세포를 공격하지 않는 것이다.

한편 바이러스나 세균 등에 감염되면 감염된 세포는 MHC 클래
스I이라는 접시 위에 해당 병원체의 지명수배서를 올려놓는다. 체
액성 면역을 설명할 때 예로 든 병원체 A에게 우리의 세포가 감염
되었다고 가정하자. 그러면 MHC 클래스I이라는 접시 위에는 병원
체 A의 지명수배서가 놓인다. 어딘가에서 병원체 A의 지명수배서
를 보았던 헬퍼 T 세포는 사이토카인을 킬러 T 세포에게도 뿌려서
활성화시킨다. **킬러 T 세포**에게는 손이 2개 있다. 하나는 조금 전
언급한 헬퍼 T 세포와 마찬가지로 T 세포 수용체다. 나머지 하나는

CD8이다. 킬러 T 세포는 이 CD8을 사용해 감염된 세포의 MHC 클래스Ⅰ과 결합해 T 세포 수용체라는 손으로 MHC 클래스Ⅰ이라는 접시에 놓인 사진을 확인한다. 이 사진이 자기 자신의 사진이 아니라 병원체 A의 지명수배서일 경우에 한해 그 세포, 다시 말해 병원체에 감염된 세포를 공격해 제거한다. 이와 같은 면역 구조를 **세포성 면역**이라고 한다(그림 7 오른쪽).

....

몸이 다양한 병원체에 대응할 수 있는 이유

T 세포에 있는 T 세포 수용체나 B 세포에 있는 B 세포 수용체는 이물질인 항원을 인식할 수 있다. 하지만 하나의 T 세포나 B 세포가 인식할 수 있는 항원은 1종류뿐이다. 1종류만을 인식할 수 있는 이러한 능력을 **항원 특이성**이라고 한다. 어째서 하나의 T 세포나 B 세포는 1종류의 항원에게만 특이성이 있는데도, 우리의 몸은 미지의 병원체까지 제거할 수 있는 것일까? 사실 우리의 몸 안에는 다양한 항원과 반응할 수 있는 수백만 종류 이상의 T 세포, B 세포가 처음부터 준비되어 있다.

신기하지 않은가? 처음부터 다수의 T 세포, B 세포가 준비되어 있다 해도 병원체는 쉴 새 없이 모습을 바꾸고, 앞으로 어떤 바이러스나 세균이 나타날지도 알 수 없다. 다시 말해 예상치 못한 적이 돌연히 나타날 가능성이 있다는 뜻이다. 반면 약 2만 2000개로 정해져 있는 우리의 유전자 수는 변하지 않는다. 그렇다면 어떻게 수많은 항원에 맞서 다양한 항체를 만들어내는 것일까?

....

📚 면역의 기본 강의③ 항체 다양성의 구조

항체는 단백질로 이루어져 있다. 단백질은 세포의 핵에 있는 유전자라는 설계도를 토대로 만들어진다. 핵 안에는 **데옥시리보 핵산**이라 불리는 화학물질, 이른바 DNA로 이루어진 긴 끈(게놈이라 불리며, 약 30억 개의 염기쌍이 있다고 한다)이 있다. 유전자는 그 DNA로 이루어진 긴 끈 안에 띄엄띄엄 존재한다. 통상적으로 하나의 유전자에서 만들어지는 단백질은 1종류뿐이다. 여기서는 이 사실만 머릿속에 넣어두기를 바란다. 즉, 항체를 만들기 위해 사용할 수 있는 DNA의 수는 한정적이라는 뜻이다. 이 부분의 자세한 구조에 대해서는 2장에서 다루도록 하겠다.

항체는 Y자의 형태를 하고 있으며, 긴 사슬 2개와 짧은 사슬 2개, 도합 4종류의 단백질로 이루어져 있다. 항체는 좌우대칭으로, 끝부분에 항원과 결합하는 항원결합부위가 있다. 항원결합부위 안에서도 항원과 직접 결합하는 부위는 항원의 종류에 따라 아미노산의 구조가 달라지므로 **가변부**라고 불린다. 가변부의 단백질을

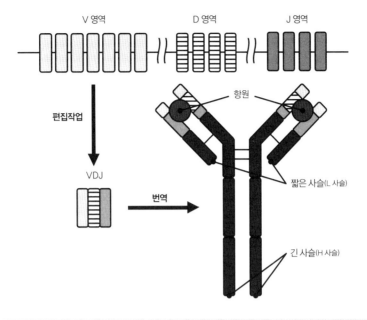

V 영역

D 영역

J 영역

항원

편집작업

VDJ

번역

짧은 사슬(L 사슬)

긴 사슬(H 사슬)

〈그림 8〉 항체 다양성의 구조

만들어내는 유전자 부분에는 여러 종류의 유전자 단편이 준비되어 있는데, B 세포가 생성되는 과정에서 그 단편과 단편이 각기 다른 방식으로 연결되면서 수많은 종류의 유전자가 생겨난다. 이것이 바로 유전자 재구성이라 불리는 현상이다.

긴 사슬은 V, D, J라는 3가지 유전자 단편으로 구성되어 있는데, 이들의 조합을 통해 얼마나 다양한 항체가 만들어지는지 계산해 보자. V가 300종류, D가 25종류, J가 6종류(종류의 개수는 가정한 수치다)라면 300×25×6=4만 5000종류의 긴 사슬이 만들어진다. 한편 짧은 사슬은 V와 J의 두 단편으로 이루어져 있는데, V가 40종류, J 가 5종류(종류의 개수는 가정한 수치다)라면 40×5=200종류의 짧은 사 슬이 만들어진다. 따라서 완성되는 항체는 4만 5000×200=900만 종류가 된다(그림 8). 실제로 생성되는 항체는 100억 종류가 넘는다 고 한다. 항체를 만드는 이러한 과정은 뷔페에서 자신만의 접시를 완성하는 장면을 연상하면 이해하기 쉬울 듯하다. 긴 사슬은 샐러 드 300종류 중에서 하나, 메인 요리 25종류에서 하나, 그리고 디저 트 6종류에서 하나를 골라 자신만의 접시를 완성하는 셈이다. 또 한 짧은 사슬을 만드는 과정은 파스타 40종류에서 하나, 음료 5종 류에서 하나를 골라 파스타 세트를 구성하는 느낌이다. 이때 누구 는 샐러드 볼에 야채를 산더미처럼 담아오고, 또 누군가는 메인 요 리 접시에 소스를 마구 뿌리기도 하고, 어떤 사람은 파스타는 접 시 한가득 담아오면서 디저트는 조금만 가져오는 등, 저마다 각기 다른 접시를 완성시킨다. 요컨대 항체 또한 이와 같은 구조로 만들 어지는 셈이다. 이러한 메커니즘, 즉 다양한 항체를 만들어낼 수 있는 유전자 재구성의 구조를 발견한 일본의 도네가와 스스무는 1987년에 노벨생리학·의학상을 수상했다. 사실 T 세포 수용체 또 한 항체를 만들어내는 유전자 재구성과 동일한 구조를 이용해 다 양성을 이끌어내고 있다.

다시 생각해보는 꽃가루 알레르기의 메커니즘

자, 꽃가루 알레르기의 발병 메커니즘을 이해하는 데 필요한 배역이 모두 모였다. 서장에서 언급했듯이 알레르기 반응에는 IgE가 필요하다. 그렇다면 IgE는 어떻게 해서 비만세포에서 히스타민이 방출되게끔 하는 것일까?

항체의 꼬리 부분을 Fc 부위라고 부른다. 사실 비만세포의 표면에는 IgE의 꼬리, 다시 말해 오로지 IgE의 Fc 부위하고만 결합할 뿐 다른 항체의 Fc 부위와는 결합하지 않는 단백질이 있다. 이 단백질을 **IgE 특이적 Fc 수용체**라고 부른다. 특이적이란 IgE의 Fc 부분에만 특화해 결합한다는 뜻이다. 그리고 비만세포의 표면에는 IgE 특이적 수용체를 통해 처음부터 다수의 IgE가 결합되어 있다. 여기에 IgE가 인식하는 항원, 다시 말해 알레르겐이 나타나 IgE와 결합한다. 그리고 알레르겐이 IgE와 결합하면 비만세포에서 히스타민이 방출된다(그림 9).

IgE의 Fc 부위가 '현관문 열쇠'라면 IgE 특이적 Fc 수용체는 '현관문의 열쇠구멍'이다. 자신의 집에 들어가기 위해 현관문 열쇠구멍에 열쇠를 집어넣는 장면을 상상해보라. 다만 이 상태에서는 아직 집에 들어갈 수 없다. 집에 들어가려면 열쇠구멍에 넣은 열쇠를 돌린 다음 문을 열고 안으로 들어가야 한다. 그 열쇠를 돌리는 단계가 바로 IgE와 알레르겐이 결합하는 단계, 그리고 문을 열고 집 안으로 들어가는 단계가 비만세포에서 히스타민이 방출되는 단계에 해당한다. 이러한

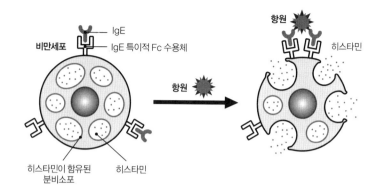

비만세포

IgE

IgE 특이적 Fc 수용체

항원

항원

히스타민

히스타민이 함유된
분비소포

히스타민

〈그림 9〉 IgE 항체를 통한 비만세포에서의 히스타민 분비

일련의 과정을 거쳐서 알레르기가 발생하는 것이다.

그렇다면 꽃가루 알레르기는 어떻게 발생하는 것일까? 여기서는 삼나무 꽃가루 알레르기를 예로 들어 설명하겠다. 삼나무의 꽃가루 는 마치 달걀처럼 외부에는 껍질이, 내부에는 영양세포와 생식세포, 그리고 전분이 존재한다. 삼나무 꽃가루는 수분을 흡수하면 달걀처 럼 깨지기 때문에 눈이나 코의 점막에 도달한 꽃가루는 점막 표면에 서 터지게 된다. 점막에는 무수히 많은 모세혈관이 있는데, 앞서 언급 한 자연 면역을 담당하는 대식세포와 수상세포가 이물질, 즉 삼나무 꽃가루가 쳐들어오기만을 기다리고 있다. 그리고 마침내 이물질인 꽃 가루가 등장하면 삼나무 꽃가루를 탐식, 삼나무 꽃가루의 단백질을 세포 안으로 집어삼켜서 분해한다. 한편으로 수상세포는 헬퍼 T 세포 에게 삼나무 꽃가루의 단백질이 이물질이라는 정보를 전달한다. 그러 면 헬퍼 T 세포는 킬러 T 세포의 수를 늘려서 꽃가루를 공격한다. 또한 B 세포에게도 정보를 전달해 B 세포에게 삼나무 꽃가루의 단백질과 결합하는 항체, 다시 말해 IgE를 생산하게 한다. 그리고 이 삼나무 꽃가루의 단백질에 대한 IgE가 혈류를 타고 온몸으로 운반되고, 이어서 혈관에서 조직으로 분비되어 혈관 주변에 존재하는 비만세포와 결합한다. 그리고 재차 꽃가루에 노출되었을 때 즉각적으로 반응할 수 있도록 준비태세를 갖춘다. 여기서 또다시 삼나무 꽃가루가 체내로 유입되면 삼나무 꽃가루가 IgE와 결합하면서 비만세포에서는 히스타민이 방출된다. 그 결과, 지긋지긋한 콧물과 재채기, 가려움증이 발생하는 것이다. 물론 세상에는 꽃가루 알레르기에 걸리지 않는 사람도 있다. 이는 그 사람이 태어나서 지금까지 꽃가루에 노출된 정도, 비만세포의 세포막상에 결합해 있는 IgE의 양, IgE를 생산하는 능력 등, 다양한 요소가 저마다 크게 다르기 때문이다.

 면역의 심화 강의 자기와 비자기를 구분하는 구조

여기서부터 다소 이야기가 복잡해질 텐데, 앞으로 설명할 구조의 큰 틀만 짚어둔다면 결코 어렵지는 않다. 그리고 세부적인 사항은 이후 필요에 따라 추가해보도록 하자. 그러면 자기와 비자기를 구분하는 구조의 전체적인 모습이 눈에 들어올 것이다.

T 세포는 T 세포 수용체와 MHC 클래스 I, MHC 클래스 II를 이용해 자신(자기)과 다른(비자기) 세포를 구분한다고 지금까지 언급해

왔다. T 세포 수용체의 유전자 재구성은 뷔페처럼 자유롭게 조합할 수 있으므로 자기를 공격하는 세포가 생겨나더라도 이상한 일은 아니다. 반대로 비자기를 전혀 인식하지 못하는, 쓸모없는 T 세포도 잔뜩 생겨난다. 그럼 우리 몸은 어떻게 이 T 세포 중에서 비자기를 제거하는 데 도움이 되는 T 세포만 추려낼 수 있는 것일까?

T 세포는 **흉선**이라 불리는 조직에서 만들어진다. 흉선은 갈비뼈 뒤쪽, 정확히 심장 위쪽에 있다. 주먹만 한 크기의 흉선은 출생 이후 유아기에 걸쳐서 몸의 면역을 담당하는 중요한 역할을 한다. 이후 성장함에 따라 서서히 작아지다 성인이 되면 퇴화해 지방조직으로 변해 그 기능을 마친다고 한다.

이러한 흉선 내부에서 T 세포 수용체를 세포 표면에 갓 꺼내놓은 어린 T 세포는 흉선상피세포나 수상세포와 마주치게 된다. 흉선상피세포와 수상세포는 MHC 클래스 I, MHC 클래스 II의 위에 자신의 사진, 즉 자기항원을 제시하고 있다. 어린 T 세포 중에는 T 세포 수용체가 자기항원이 놓인 MHC와 강하게 결합하는 경우가 있다. 이와 같은 T 세포가 흉선을 떠나 온몸을 순찰하게 되면 자신의 체세포를 공격하기 때문에 위험하다. 따라서 이러한 세포는 흉선 밖으로 내보낼 수 없으므로 그 자리에서 제거해야 한다. 우리의 몸은 매우 정교하게 이루어져 있어서, MHC에 놓인 자기항원과 강하게 결합하려는 갓 태어난 T 세포, 다시 말해 자가반응성 T 세포는 그 시점에서 강한 자극을 받아 스스로 죽음(**세포자살**이라고 한다)을

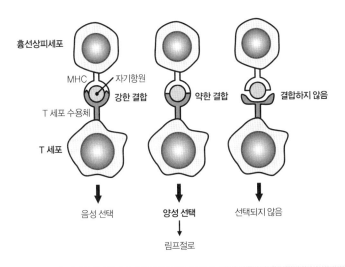

흉선상피세포

MHC   자기항원
            강한 결합   약한 결합   결합하지 않음
T 세포 수용체

T 세포

음성 선택   양성 선택   선택되지 않음

                 림프절로

〈그림 10〉 흉선에서 일어나는 T 세포의 선택

택하게 된다. 이를 '음성 선택'이라고 한다.

한편 MHC 위에 놓인 자기항원과 강하게 결합하지는 않으나 '딱 적절한 세기'로 결합하는 T 세포 수용체를 지닌 T 세포도 출현한다. 이와 같은 T 세포는 흉선 밖으로 나오면 자기항원 대신 병원체의 항원이 놓인 MHC와 만났을 때 강하게 결합해 이물질을 제거해 낼 가능성이 있다. 따라서 이와 같은 T 세포는 장래성을 높게 평가받아 1차 시험에 합격이다. 그리고 1차 시험에 합격한 T 세포는 흉선 안에서 계속 성장한다. 이처럼 적당한 수준에서 자기항원과 결합할 수 있는 T 세포를 선택하는 과정을 '양성 선택'이라고 한다. 다만 갓 태어난 어린 T 세포의 T 세포 수용체는 대부분 MHC와 결합하지 못한다. 그러한 T 세포에게는 유전자를 재구성할 몇 번의 기회가 더 주어진다. 하지만 유전자를 몇 차례 추가로 재구성했음에도 1차 시험에 합격하지 못했을 경우, 그와 같은 T 세포 또한 곧이어 세포자살로 죽는다. 이렇게 엄격한 품질관리를 거쳐 자기와 비자기를 구분하는 T 세포가 만들어진다(그림 10).

....

인간 면역결핍 바이러스와 후천성 면역결핍 증후군

HIV라는 단어에서 그 의미를 곧바로 이해하는 사람은 많지 않으리라 본다. HIV란 **인간 면역결핍 바이러스**human immunodeficiency virus를 뜻하는 용어로, 인간의 면역을 담당하는 세포에 감염해 최종적으로는 면역세포를 파괴해서 면역계의 기능이 멈추어버린다. 면역계의 기능이 멈추어서 특정한 질환을 일으키는 이러한 상태를 **후천성 면역결핍 증후군**AIDS이라고 부른다. 다시 말해 HIV에 감염된 탓에, 본래 건강한 상태였다면 감염되지 않았을 감염력이 약한 진균 등에 감염되는 상태를 AIDS라고 부르는 것이다.

2019년 현재, 일본의 신규 HIV 감염자와 AIDS 환자의 수는 누계 2만 7000명을 돌파했다(국립감염증연구소).● 또한 전 세계의 HIV 감

_____

● 한국은 2018년 기준으로 HIV/AIDS 생존감염인은 1만 2991명이다. (자료: 보건복지부)

염자 수는 약 3670만 명이며, 해마다 180만 명의 신규 HIV 감염자와 100만 명의 AIDS 사망자가 발생하고 있다. HIV 감염에 따라 발생하는 AIDS에 대해 현재는 다양한 약이 개발되어 있기 때문에 HIV에 감염되었더라도 꾸준히 약을 복용하고 치료를 받으면 AIDS에 걸리는 일은 없어졌다. 즉, 현재 HIV 감염증은 치료할 수 있는 병이다.

하지만 치료할 수 있다는 말과 완치된다는 말은 전혀 다른 의미다. HIV 감염증의 완치란 체내의 HIV 바이러스가 완전히 소멸됨을 의미한다. 또한 AIDS를 일으키는 경우는 없어졌다고는 하나, 치료제가 매우 비싸고 부작용도 세며, 죽을 때까지 계속 복용해야 한다. 그렇기 때문에 전 세계의 연구자들은 체내의 HIV 바이러스를 완전히 소멸시키는 방법을 찾는 데 혈안이 되어 있다.

지금까지 언급했듯 인간은 지금껏 다양한 병원체와 싸워왔다. 최근 약 100년 동안 의학의 진보나 수많은 의약품의 개발, 위생 환경의 향상 등으로 인간의 수명은 상당히 늘어났다. 하지만 세균이나 바이러스는 무섭게 진화하기 때문에, 약제내성균이나 약제내성 바이러스가 늘어나 결핵, 신종인플루엔자와 같은 감염증이 또다시 인간에게 맹위를 떨칠 날이 찾아올지도 모른다. 미래는 알 수 없지만 눈앞의 일만을 생각하지 말고 머지않은 장래까지 고려해 약을 올바르고 적절하게 사용해야 한다는 사실만큼은 분명할 듯 싶다.

HIV 감염으로부터의 생환

HIV 감염에서 완치된 사례가 있다. 이 환자는 1995년에 HIV에 감염된 티모시 R. 브라운이다. 브라운이 감염되었을 당시, HIV에 감염될 만한 위험한 행위를 되풀이하더라도 전혀 HIV에 감염되지 않는 사람의 존재가 보고되었다. HIV는 GP120이라는 자신의 손을 사용해 CD4를 붙들어 T 세포나 대식세포와 결합한다(→65쪽 '면역의 기본 강의 ②'를 복습). 그리고 T 세포나 대식세포의 세포 표면에 있는 CCR5라는 단백질을 사용해 세포 안으로 침투해 감염시킨다(그림 11). 알고 보니 HIV에 전혀 감염되지 않는 사람은 이 CCR5 유전자의 32염기가 결여되어 있어서 세포막 위에 CCR5를 만들어낼 수 없었던 것이다(CCR5Δ32 유전자라고 부른다). 다시 말해 CCR5의 일부가 결여되어 있으면 HIV에 감염되지 않는다는 사실이 밝혀진 셈이다.[13] 또한 이 CCR5Δ32 유전

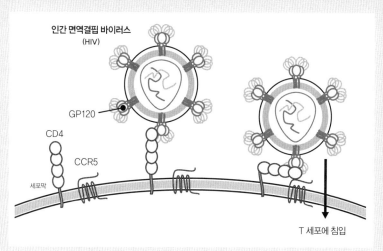

〈그림 11〉 면역을 담당하는 세포에 HIV가 감염되는 방식

자는 북유럽 백인 중 약 16%에게서 발견된다. 반면 CCR5Δ32 유전자를 지닌 사람은 '웨스트 나일 바이러스(West Nile virus)'에 감염되기 쉬우며[14] 인플루엔자에 감염되었을 때의 사망률이 높다는 자료도 있다.[15] 하지만 아시아에서 이 같은 돌연변이를 지닌 사람은 현재까지 발견되지 않았다.

브라운은 1995년에 HIV에 감염된 후 표준적인 치료(3가지 이상의 항HIV제를 조합해 복용하는 다제병용요법)를 꾸준히 받아왔고, 체내의 HIV 바이러스 양은 일정한 상태로 유지되고 있었다. 하지만 2006년, 급성 골수성 백혈병에 걸리고 말았다.

브라운에게 먼저 항암제를 써서 몸 안의 암세포를 철저히 사멸시켰다. 그리고 곧이어 모험과도 같은 조혈모세포 이식을 시도했다.

조혈모세포를 이식하면 HIV에 감염된 대식세포나 T 세포는 조혈모세포를 제공한 기증자의 세포로 교체된다. 따라서 브라운의 담당 의사는 CCR5Δ32 유전자를 지닌 기증자를 통해 브라운에게 조혈모세포를 이식하면 HIV가 감염할 수 없으며 증식하지 못하게 되는 T 세포로 교체될지도 모른다고 생각한 것이다. 그리고 CCR5Δ32 유전자를 지닌 조혈모세포를 브라운에게 이식한 결과, 체내에서 HIV 바이러스가 사라졌다. 다시 말해 브라운은 완치된 것이다.[16] 이후 2019년, 런던에 거주하는 HIV 양성 환자에게 브라운의 담당 의사가 실시한 것과 동일한 치료법을 시도한 결과, 18개월이 지나도록 체내에서 HIV를 찾아볼 수 없었다는 보고가 들어왔다.[17]

하지만 이 치료법은 매우 위험하다. HIV에 감염되었다는 말은 T 세포나 대식세포의 기능이 약해진 상태, 다시 말해 면역력이 저하된 상태라는 뜻이다. 이러한 상황에서 체외로부터 비자기의 조혈모세포를 이식받는다는 것은 언제 면역결핍, 즉 AIDS가 발병한다 해도 이상하지 않은 상태에 놓이게 된다는 의미이기 때문이다.

이 모험을 통해 HIV를 제거한 사실에 힌트를 얻어 현재는 HIV에 대한 여러 치료법이 개발되고 있다. 예를 들어, HIV에 감염되었을 때 다제병용요법에 사용되는 약으로 매라바이록(상품명: 시엘센트리®)이라는 약이 있다. 사실 이 약은 CCR5 억제제다. 다시 말해 HIV가 대식세포나 T 세포와 결합하지 못하게 막는 약이다. 또한 특정 유전자를 재배치해 CCR5 유전자를 파괴하는 등의 유전자 치료법도 연구·개발되고 있다.[18] 가까운 장래에 HIV 감염을 완전히 극복할 수 있는 시대가 찾아올지도 모른다.

제 2 장

유전자, 단백질, 체질과 에피제네틱스-
당신이 당신인 이유

동일한 술을 똑같이 마셔도 숙취에 시달리는 사람과 멀쩡한 사람이 있고, 동일한 약을 똑같이 복용하더라도 잘 듣는 사람과 전혀 효과가 없는 사람이 있다. 이처럼 사람에 따라 알코올이나 약이 다르게 작용하는 것을 우리는 체질이라고 부른다. 그렇다면 체질은 어떻게 정해지는 것일까?

체질이란 무엇인가? — 약이 잘 듣는 사람과 잘 듣지 않는 사람

소화관에서 소화·흡수된 음식물의 영양소는 간으로 운반된다. 그리고 간에 존재하는 수백 종류의 효소가 영양소를 분해하고, 그 분해된 물질을 이용해 또 다른 물질을 생산한다. 이러한 과정을 **대사**代謝라고 부른다. 대사된 영양소는 간에 축적되거나 혈액으로 방출된다.

인체에 유해한 식품첨가물이나 약제, 세균 등도 간으로 운반되는데, 간은 이러한 유해물질의 독성을 제거하는, 이른바 **해독**을 한다. 해독 작업은 간세포에 있는 **시토크롬 P450**^{CYP}이라는 **효소**를 통해 진행된다. CYP는 체내에 이물질이 축적되지 않게끔 식품첨가물이나 의약품 등 이물질을 물에 녹는 물질로 분해해서 소변과 함께 몸 밖으로 배출한다.

인간에게는 약 60종류 이상의 CYP가 존재한다. 벼에는 300종류가 넘는다고 한다. 벼에 CYP가 많은 이유는 토양에 함유된 온갖 화학물질이나 미생물에서 유래한 독소 등을 분해해야 하기 때문이다. 인간의 CYP1은 암을 유발하는 물질인 다이옥신을 분해한다. 그리고 CYP2는 식물에서 비롯된 독인 알칼로이드를 분해한다. CYP3은 다양한 약을 분해하는 효소지만 자몽(그레이프프루트) 주스에 함유된 성분에 따라 그 작용이 억제된다. 자몽 주스와 함께 약을 먹지는 않겠지만 만약 자몽 주스와 항암제를 같이 먹을 경우, 자몽 주스에 함유된 성분이 항암제를 분해하는 CYP3의 작용을 억제하기 때문에 항암제는 간에서 분해되지 못하고 체내에 계속 남게 된다. 그러면 체내에 항암제의 농도가 지나치게 높아지기 때문에 심각한 부작용이 발생한다. 그러므로 자몽 주스와 약을 함께 먹어서는 안 된다. 이처럼 다양한 물질을 대사해주는 CYP 덕분에 우리의 몸은 원활하게 기능하고 있다. 따라서 CYP의 대사능력이 우리의 체질과 연관되어 있음을 유추하기란 어렵지 않다.

CYP와 맞춤형 의료

약의 효능과 CYP의 관계는 뜻하지 않은 상황에서 밝혀졌다. 1920년대에 미국에서 발생한, 소가 내출혈을 일으키며 죽게 되는 병이 발단이었다. 이후의 조사를 통해 먹이로 주던 전동-싸리(스위트클로버, Melilotus officinalis 등)가 부패하면서 내출혈사를 일으켰다는 사실이 밝혀졌다. 하지만 어째서 부패한 전동싸리가 내출혈을 일으키는지, 그 자세한 경위는 알 수 없었다. 미생물이 전동싸리를 분해하면, 사쿠라모치●에서 달콤한 향기를 내는 성분인 쿠마린coumarin이 만들어진다. 그리고 이 쿠마린이 세균(penicillium nigricans 등)에 분해되면 디쿠마롤dicumarol이 생겨난다. 알고 보니 이 디쿠마롤이 혈액을 굳히는 작용, 즉 응고작용이 있는 비타민 K의 작용을 방해해 내출혈사를 일으켰던 것이다. 다시 말해 비타민 K가 부족하면 출혈을 일으키기 쉬워진다는 뜻이다. 신생아에게는 내출혈을 막기 위해 출생 당일, 산부인과 퇴원 시, 그리고 생후 1개월 검진 시, 도합 3회 비타민 K 시럽을 준다.●● 이 비타민 K에는 혈액응고작용 외에 뼈 형성을 촉진시키는 작용도 있다. 따라서 최근에는 골다공증을 개선시키는 치료제로도 이용되고 있다.

이 디쿠마롤은 쥐약으로 1941년에 판매되었다. 이후 디쿠마롤을 개량한 와파린(상품명: 와파린®)이 1948년에 판매되었다. 사실 이 와파린은 현재 쥐를 없애는 목적으로 사용되는 대신 인간의 질병, 특히 핏덩어리(혈전)가 뇌의 모세혈관을 막아서 발생하는 뇌경색을 치료하는 데 이용된다. 이는 와파린이 비타민 K의 작용을 방해한 결과, 혈전이 녹아내리는 것을 이용한 것이다. 와파린을 복용하는 사람은 낫토를 먹어서는 안 된다. 낫토는 비타민 K가 다량으로 함유된 식품일 뿐 아

● 팥소를 넣은 떡을 벚나무 잎으로 감싼 일본의 전통음식.

●● 한국에서는 일반적으로 출생 후 비타민 K를 주사한다.

니라 낫토에 함유된 낫토균이 장내에서 대량의 비타민 K를 만들어내므로, 와파린과 결합하면서 혈전을 녹이는 효과를 억제해버리기 때문이다.

와파린을 뇌경색 치료에 쓸 때는 60mg이나 투여해야만 효과를 보는 사람과, 그 100분의 1에 해당하는 양인 0.6mg만 투여해도 효과를 보는 사람이 있다. 다시 말해 사람마다 약효가 다르다는 사실이 경험적으로 알려져 있다. 따라서 임상 현장에서는 우선 와파린을 소량 투여해 효과가 있는지 확인하며 서서히 농도를 높인다. 와파린은 투여량을 잘못 조절하면 내출혈이 발생하고, 최악의 경우 죽음에 이를 위험이 있기 때문에 사용하기 무척 어려운 약이다.

이 와파린은 CYP2에 분해된다. 또한 CYP2가 와파린을 분해하는 능력은 사람에 따라 큰 차이가 있는데, 분해 능력이 강력한 CYP2부터 분해 능력이 약한 CYP2까지 4종류가 있다. 0.6mg이라는 미량으로 효과를 보는 사람은 분해 능력이 약한 CYP2를 지닌 반면, 60mg이 필요한 사람은 분해 능력이 강한 CYP2를 지녔던 것이다. 이처럼 같은 CYP2를 지녔다 해도 약을 분해하는 능력은 사람마다 차이가 있다는 사실이 밝혀졌다.

그럼 자신에게 필요한 와파린의 양을 미리 알아낼 방법은 없을까? 사실 여러분의 **CYP2 유전자**를 미리 조사할 수 있다면 자신의 CYP2가 분해 능력이 약한지, 아니면 분해 능력이 강한지를 알 수 있다. 그리고 치료에 필요한 약의 적정량을 알아낼 수 있을 뿐 아니라

약값이나 부작용까지 줄일 수 있다. 이와 같은 의료를 **맞춤형 의료**
order-made medical treatmrent라고 부르는데, 그리 멀지 않은 미래에 실현될지
도 모른다. 다만 맞춤형 의료를 실시하려면 여러분의 CYP2 유전자 정
보를 알아야 한다. 그리고 CYP2 유전자를 포함한 여러분의 유전자를
모두 해독하는 기술을 '게놈 해석'이라고 한다. 그렇다면 **게놈**이란 대
체 무엇일까?

 분자의 기본 강의 ①　DNA와 이중나선

누구나 한 번쯤은 DNA라는 단어를 들어본 적이 있을 것이다.
DNA란 대체 무엇일까? 영어로는 deoxyribonucleic acid, 번역하
면 **데옥시리보 핵산**이다. 즉, DNA란 데옥시리보 핵산이라는 '화학
물질'을 가리키는 말이다. 강의를 하다 보면 "DNA는 '유전자' 아닌
가요?"라는 질문을 자주 받게 된다. 또한 모 대기업의 CM에서는
'창립자의 DNA를 다음 세대의 직원들에게로'라는 문구가 흘러나
오기도 한다. 이는 DNA를 유전자라는 의미에서 사용한 경우가 아
닐까. 하지만 주의해야 할 점은 DNA 자체는 유전자가 아니라는 사
실이다.

　그렇다면 **유전자**란 무엇을 의미하는 말일까? 수도사 그레고어
요한 멘델은 완두콩을 인공적으로 교배시키는 실험을 했다. 그러
자 다음 세대에도 부모와 동일한 생김새와 성질—이들을 통틀어

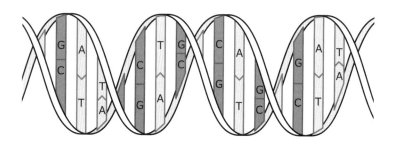

형질形質이라 부른다—을 지닌 완두콩이 나타났다. 다시 말해 모종의 인자(유전자)에 따라 부모의 형질이 자손에게 전달되는 현상(유전)을 발견한 것이다.

1940년대, DNA는 4종류의 염기(아데닌adenine, A, 티민thymine, T, 구아닌guanine, G, 시토신cytosine, C)로 이루어져 있다는 사실이 알려져 있었다. 하지만 유전과 같은 복잡한 생명현상을 관장하는 물질은 20종류의 아미노산으로 구성된 단백질이라고, 즉 아미노산이야말로 유전정보를 기록하는 물질이라 받아들여지고 있었다.

1944년에 오즈월드 T. 에이버리는 유전자를 만들어내는 물질, 다시 말해 유전정보를 기록하는 물질이 DNA임을 밝혀냈다. 5년 뒤인 1949년에는 어윈 샤가프가 DNA를 이루는 4종류의 염기가 어느 세포에나 동일한 양으로 존재한다는 사실을 발견했다.

그렇다면 DNA는 어떠한 구조를 하고 있을까? 1952년, 로잘린드 E. 프랭클린은 DNA가 하나의 사슬이 아닌 두 개의 사슬로 이루어져 있으며, 심지어 나선형 구조이리라고 예측했다. 그리고 제임스 D. 왓슨과 프랜시스 H.C. 크릭이 프랭클린의 실험 결과와 샤가프의 실험 결과를 합쳐서 염기 A에는 T가, G에는 C가 결합해 **염기쌍**을 형성하며, 이 규칙적인 염기의 결합에 따라 두 줄의 DNA 사슬이 나선 구조를 이룬다는 설을 1953년에 주장했다.[1] 이것이 바로 왓슨과 크릭이 발견한 DNA의 '**이중나선 구조**'이다(그림 12).

....

이중나선 구조 발견의 이면

프랭클린은 DNA가 이중나선 구조를 띠고 있으리라 예측했지만 유감스럽게도 이중나선의 내부 구조, 즉 이중나선의 내부에서 DNA들이 어떤 식으로 결합해 있는지에 대해서는 해명하지 못했다.

비슷한 시기에 왓슨과 크릭은 프랭클린과 마찬가지로 이중나선 내부에 DNA들이 어떤 식으로 결합되어 있는지를 밝혀내려 했지만 연구는 막다른 골목에 몰려 있었다. 그러던 중, 왓슨과 크릭은 커다란 힌트를 얻었다. 바로 프랭클린의 상사인 모리스 H.F. 윌킨스와 크릭의 지도교관이었던 막스 F. 페루츠가 왓슨과 크릭에게 프랭클린의 실험 결과를 허락도 없이 멋대로 알려주었던 것이다. 그리고 두 사람은 DNA의 '이중나선 구조'를 발표했다.

1962년, 왓슨과 크릭, 그리고 윌킨스 세 사람은 '핵산의 분자구조와 생체에서의 정보 전달에 대한 의의의 발견'으로 노벨생리학·의학상을 수상했다. 안타깝게도 DNA 구조를 사진 촬영한 프랭클린은 이미 1958년, 37세의 젊은 나이에 난소암으로 세상을 떠났기 때문에 노벨상은 수상하지 못했다. 또한 유전자를 만들어내는 물질이 DNA라는 사실을 발견한 에이버리 역시 수상하지는 못했다.

 분자의 기본 강의 ②　유전자와 게놈

DNA는 이중나선 구조 형태로 세포 안에 존재하지만 우리의 몸을 형성하는 1개의 세포에 포함된 염기쌍의 수는 헤아릴 수 없이 많다. 구체적으로 말하자면 약 30억 개의 염기로 이루어져 있다. 다시 말해 약 30억 개의 ATGC라는 염기가 배열되는 방식에 따라 유전정보가 기록되는 것이다. 이 30억 개의 염기배열로 이루어진 DNA를 잡아 늘이면 그 길이는 세포 1개당 약 2m나 된다고 한다. 그렇다면 약 2m나 되는 DNA를 어떻게 수십 마이크로미터라는 작은 세포 안에 욱여넣은 것일까? 사실 DNA는 **히스톤**histone이라는 단백질에 촘촘하게 감긴 채 작게 접혀 있다. 이는 실(=DNA)이 실타래(=히스톤)에 감겨 있는 모습이나 마찬가지다. 그리고 이렇듯 작게 접힌 상태에서는 색소에 잘 물든다해서 **염색체**라 불린다. 우리 인간은 모두 46개의 염색체를 지니고 있다(**그림 13**).

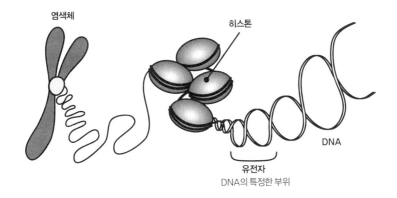

히스톤

유전자
DNA의 특정한 부위

DNA

〈그림 13〉 DNA, 염색체, 유전자, 게놈의 차이

    유전자란 DNA 안에서 인체를 구성하는 부품인 단백질을 만드는 방법이 기록된 염기배열을 말한다. 이 염기배열의 영역을 **엑손**exon 이라고 부른다. 사실 DNA가 모두 엑손은 아닌데, DNA에서도 단 1.5% 부분만이 엑손에 해당한다. 재미있게도 이 엑손은 DNA 안에 징검다리처럼 배치되어 있다. 그리고 엑손과 엑손 사이에는 단백질의 설계도가 아닌 염기배열이 있으며, 이 부분을 **인트론**intron이라고 부른다. 이 인트론에는 엑손에서 단백질을 만들어낼 타이밍이나 양 등을 제어하는 정보가 기록되어 있다(그림 14).

    한편 **게놈**이란 어느 생물이 살아가는 데 필요한 모든 유전정보를 뜻하는 말로, '전유전정보全遺傳情報'라고도 한다. 다시 말해 인간의 모든 유전정보를 **인간 게놈**이라 부르는 것이다. 영어로 게놈은 genome, 유전자는 gene이다. genome은 gene+ome의 합성어로,

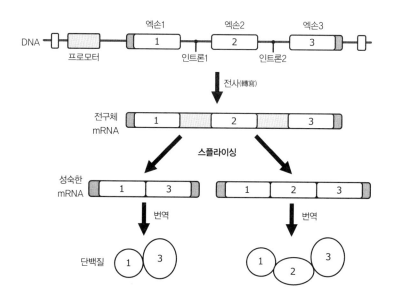

엑손1   엑손2   엑손3

DNA

프로모터   인트론1   인트론2

전사(轉寫)

전구체 mRNA

스플라이싱

성숙한 mRNA

번역   번역

단백질

〈그림 14〉 DNA에서 단백질이 만들어지기까지

-ome은 집합 혹은 모임을 의미한다. 다시 말해 유전자의 모임이 바로 게놈인 셈이다. 참고로 영어로 genome은 게놈이 아니라 '지놈'이라 발음한다.

여기서 다시 한번 게놈, 염색체, 유전자, DNA, 염기의 관계에 대해 정리해보겠다. 인간의 염색체를 '46권으로 구성된 추리소설 시리즈'라고 생각해보자. 이 46권짜리 추리소설 시리즈 전체가 '게놈'이다. 시리즈 중 한 권에 해당하는 책이 1개의 '염색체'다. 그 한 권에 쓰여 있는 문장이 '유전자'에 해당한다. 그리고 그 문장이 인쇄된 종이가 'DNA'이다. 그리고 문장에 담긴 글자 하나하나가 바로 '염기'인 셈이다.

그렇다면 DNA에서는 어떻게 우리 몸의 부품인 단백질을 만들어 내는 것일까? 단백질을 만들어내려면 단백질을 구성하는 **아미노산**의 배열 정보가 필요하다. 사실은 이 아미노산의 배열 정보가 바로 DNA의 염기배열에 기록되어 있다.

여러분이 도서관에서 책을 빌렸을 경우, 그 책에 직접 뭔가를 적어 넣지는 않는다. 메모를 해야 한다면 우선 빌린 책에서 필요한 부분만 복사한 뒤, 그 사본에 메모를 할 것이다. 우리 인간 역시 마찬가지로, DNA에서 직접 아미노산을 만들어내는 대신, 우선 복사(전사)를 한 다음에 아미노산을 만들어낸다. 여러분이 책을 복사할 때는 본래의 책과는 전혀 재질이 다른 복사용지에 문자가 복사된다. 그 복사용지에 인쇄된 문자를 **리보 핵산**ribonucleic acid, RNA이라 부른다.

지금까지 언급했듯 DNA에는 단백질의 설계도인 염기배열이 위치한 '엑손'과 유전자로서 기능하지 않는 '인트론'이 포함되어 있다. 따라서 DNA를 전사해 생성해낸 RNA에서 인트론을 제거해야만 한다. 이 인트론을 제거하는 과정을 **스플라이싱**splicing이라고 한다. 그리고 스플라이싱된 이후의 RNA를 **전령 RNA**(메신저 RNA, mRNA)라고 부른다.

인간의 유전자 수는 약 2만 2000개라고 한다. 여기서 수만~수십만 종의 단백질이 만들어진다. 약 2만 2000개의 유전자에서 어떻게 수십만 종이 넘는 단백질이 만들어지는 것일까? 사실은 스플라이싱 과정에서 제거되는 인트론이나 엑손의 연결 방식을 변경함에 따라 최종적으로 완성되는 mRNA의 염기배열이 달라진다. 이를 선택적 스플라이싱이라고 부른다. 그리고 **선택적 스플라이싱**을 마친 mRNA를 설계도 삼아 단백질이 만들어진다. mRNA상에서 3개의 연속된 염기배열에 따라 하나의 아미노산이 지정된다. 이 연속되는 3개의 염기배열을 **코돈**^{codon}(유전암호)이라고 부른다. 그리고 최초의 코돈이 아미노산으로 번역되면 두 번째 코돈에 대응하는 아미노산이 첫 번째 아미노산과 펩티드 결합으로 연결된다. 그리고 세 번째 코돈에 대응하는 아미노산이 두 번째 아미노산과 펩티드 결합으로 연결된다. 이와 같은 과정이 반복되면서 염기배열에 따라 지정된 아미노산 배열을 지닌 단백질이 만들어진다. 이 과정을 **번역**이라 부른다. 그리고 단백질이 우리 몸 안에서 기능하는 상태를 두고 '유전자가 **발현된다**'라고 표현한다. 이를 통해 같은 유전자라도 엑손을 어떻게 연결하느냐에 따라 다른 mRNA를 만들어낼 수 있으며, 그 설계도를 토대로 다른 단백질을 만들어낼 수 있는 것이다. 선택적 스플라이싱은 운동회 때 촬영한 영상에서 마음에 드는 장면만 잘라내고 이어 붙이는 편집 작업과도 유사하다. 우리는 얼마 안 되는 유전자에서 수많은 단백질을 만들어낼 수 있는 효율적이고도 경이로운 시스템을 지닌 셈이다.

유전병의 예시 — 낭포성 섬유증, 헌팅턴병, 혈우병

DNA의 염기배열에 돌연변이가 발생하면 그 DNA에서 전사되어 만들어지는 mRNA의 염기배열에도 돌연변이가 이어지고, 여기서 번역되어 만들어지는 아미노산 배열에서도 돌연변이가 발생한다. 그 결과, 단백질에 이상이 생기면서 질병에 걸리게 된다. 참고로 특정한 유전자에 돌연변이가 개입해 발생하는 질병은 **단일유전자질환**, 혹은 멘델 유전병이라고 부른다. 여기에서는 우선 암과 같이 복수의 유전자가 관여된 질병에 관해 이야기하기에 앞서 단일유전자질환을 예로 들어 질병이 유전되는 구조를 살펴보도록 하겠다.

미국에서 가장 발병률이 높은 치사성 유전성질환으로는 **낭포성 섬유증**이 있다. 유럽 인종에서는 2500명 중에 1명꼴로 이 질환이 발생하는데, 일본에서는 60만 명 중에 1명이 걸리는 희귀한 병이다. 이 질병은 CFTR(낭포성 섬유증 막 관통 조절인자) 유전자의 돌연변이 때문에 발생한다. 이 유전자를 토대로 만들어진 CFTR 단백질은 세포막에 심어져 염화물 이온이 지나는 길인 작은 구멍—**통로**channel라고 한다—의 기능을 한다. 지금까지 CFTR 유전자에서는 약 2000종류의 돌연변이가 발견되었는데, 이들 돌연변이의 대부분은 CFTR 단백질이 만들어지지 않거나, 세포막에 심어지지 못해 염화물 이온이 CFTR 통로를 지날 수 없게 되는 결과를 초래한다. 염화물 이온은 점액의 점도를 조절하는 역할을 하므로 CFTR 단백질에 이상이 생기면 기관지의 점막을 덮고 있는 점액의 성분 균형이 깨지면서 점성이 지나치게 강해지고, 기관지에 점성이 강한 점액이 고여 호흡이 어려워진다. 다시 말해 CFTR 단백질에 이상이 발생하면 갓 태어났을 무렵부터 폐렴이나 기관지염에 시달리다 끝내는 폐 조직이 붕괴되어 괴로워하다 죽어가게 되는 것이다.

이 낭포성 섬유증은 **상염색체 열성 유전**이라는 양식으로 다음 세대에 전해진다. 참고로 '열성 유전'이란 모자란 성질의 유전, 반면 '우성 유전'은 뛰어난 성질의 유전이라는 오해를 불러일으키기 쉽기 때문에 2017년 9월, 일본유전학회에서는 열성을 '잠성潛性', 우성을 '현성顯性'이라는 표현으로 변경하자고 제안했다.

....

📚 유전의 기본 강의 ① **염색체와 유전**

우선 유전의 원칙에 대해 설명해보고자 한다. 인간의 염색체는 **이배체다.** 이렇게 말하면 딱 와 닿지 않을 텐데, 모든 사람이 저마다 같은 유전자를 2개씩 지닌 것을 이배체라고 한다. 하나는 어머니에게서 다른 하나는 아버지에게서 물려받은 유전자다. 이 동일한 유전자에서 아버지에게서 유래한 것과 어머니에게서 유래한 것을 **대립유전자**라고 부른다. 그림 15는 일반적인 남성의 염색체를 쌍으로 묶어서 큰 것부터 차례대로 배열한 것이다. 염색체에 따라 줄무늬가 다르거나 길이에 조금씩 차이가 있지만 모두 한 쌍을 이루고

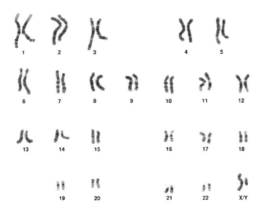

<그림 15> 염색체

정상적인 남성의 세포 하나에 있는 염색체. 여성은 23번이 X와 Y가 아니라 X 두 개로 이루어져 있다.

있다. 다만 예외적으로 남성에게는 X 염색체와 Y 염색체가 있는데, 이들은 쌍을 이루지 않는다. 반면 여성은 X 염색체 두 개가 한 쌍을 이룬다. 성별을 결정짓는 데 관여하는 유전자가 포함된 X 염색체와 Y 염색체를 합쳐서 성염색체라고 부른다. 한편 **성염색체**를 제외한 염색체를 **상염색체**라고 한다.

조금 전에 언급한 낭포성 섬유증은 **상염색체 열성(잠성) 유전**이라는 양식으로 유전된다. 이는 어머니와 아버지에게서 물려받은 CFTR 유전자 모두에 돌연변이가 있을 때 발생한다는 사실을 의미한다. 즉, 어머니와 아버지가 각각 돌연변이를 지녔으며, 그 돌연변이를 자식에게 전달했을 때에만 발병한다는 뜻이다. 이와 같은 상황에서 부모는 낭포성 섬유증을 일으키는 CFTR 유전자에 돌연변이를 지닌 **보인자**라고 한다. 보인자 자신은 건강에 아무런 문제가 없기 때문에 자기 자신이 CFTR 유전자에 돌연변이를 지닌 보인자임을 알지 못한다. 다만 태어난 아이가 낭포성 섬유증을 일으켰을 때 비로소 자신이 보인자였음을 깨닫게 된다. 또한 보인자 부모에게서 태어나는 아이는 25%의 확률로 성별과 무관하게 상염색체 열성(잠성) 유전 질환을 일으킨다(그림 16).

낭포성 섬유증 이외에 상염색체 열성(잠성) 유전에 따라 발생하는 질환으로는 **페닐케톤뇨증**이 있다. 이는 아미노산의 일종인 페닐알라닌phenylalanine을 대사하는 페닐알라닌 수산화효소의 유전자에 돌연변이가 발생해 페닐알라닌이 체내에 과다하게 축적되면서 신경세포에 장애를 일으키는 질병이다. 혈액 중에 축적된 페닐알라닌은 쥐의 소변 냄새가 나는 페닐케톤체로서 소변으로 배출되기 때문에 페닐케톤뇨증이라고 한다.

페닐케톤뇨증은 입원 중인 신생아의 발바닥에서 혈액을 채취해—신생아 매스스크리닝mass screening—검사를 실시한다. 참고로 일본의 발병률은 8만 명 중 1명이라고 한다.* 다만 페닐케톤뇨증은 육아 시 페닐알라닌이 적게 함유된 특수한 우유를 먹여서 예방할 수 있다.

한편 상염색체 열성(잠성) 유전 질환과는 다르게 정상적인 유전자

---

* 한국도 발병률이 일본과 비슷하다.

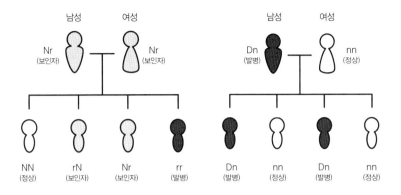

<〈그림 16〉 상염색체 열성(잠성) 유전   <그림 17〉 상염색체 우성(현성) 유전

하나와 돌연변이를 지닌 유전자 하나를 지녔을 뿐인데 질병이 발생하는 **상염색체 우성**(현성) **유전** 질환도 있다. **그림 17**과 같이 부모 중 어느 한쪽이 유전자에 돌연변이가 하나 있을 뿐이지만 50%의 확률로 아이의 성별과 무관하게 유전된다. 상염색체 우성(현성) 유전 질환으로 유명한 병으로는 **헌팅턴병**Huntington disease이 있다. 헌팅턴병의 발생 빈도는 10만 명 중에 5명이라고 하는데, 일본에서는 100만 명 중 5명으로 서구권에 비해 드문 질환이다.*

헌팅턴병은 신경세포가 사멸하면서 자신의 의사와는 무관하게 몸이 움직이는 불수의운동不隨意運動이 발생할 뿐 아니라, 성격이나

---

* 한국 건강보험 이용 통계를 보면 약 200여 명이 매년 국내 의료시스템을 이용하고 있으며, 실제로는 유전자를 갖고 있는 모든 사람을 포함하면 2000여 명으로 추정된다. (자료: 서울대학교병원 희귀질환센터)

인격도 변하고 인지기능까지 천천히 저하되는 진행성 난치병으로, 현재까지 효과적인 치료법은 없다. 헌팅턴병의 원인은 4번 염색체에 있는 헌팅턴^{HTT} 유전자의 돌연변이다. HTT 유전자상에는 3개의 염기배열^{CAG}이 반복적으로 연결되어 있는 CAG 리피트라 불리는 부분이 존재한다. 정상적인 사람의 CAG 리피트는 26회 이하지만 헌팅턴병 환자에게서는 36회 이상, 많게는 120회 이상의 리피트가 발견된다. 어째서 CAG 리피트가 늘어나면 헌팅턴병을 일으키는지, 그 의문은 아직 해소되지 않았다.

지금까지 상염색체에 있는 유전자의 돌연변이에 따라 발생하는 유전질환에 대해 이야기해보았다. 그렇다면 성염색체에 있는 유전자에 돌연변이가 생겨나도 유전질환이 발생할까?

유전의 기본 강의 ② 성염색체와 유전질환

성염색체에 있는 유전자가 돌연변이를 일으켜 발생하는 유전질환으로는 **X 연관 우성**(현성) **유전**과 **X 연관 열성**(잠성) **유전**이 있다. X 연관이란 X 염색체에 있는 유전자에 돌연변이가 있음을 의미한다.

X 연관 우성(현성) 유전에서는 X 염색체상에 돌연변이 유전자가 하나만 있더라도 질병이 발생한다. 여성의 X 염색체는 2개지만 두

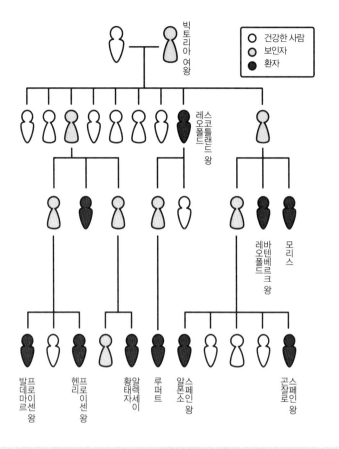

빅
토
리
아
여
왕

○ 건강한 사람
◐ 보인자
● 환자

레
스
오코
틀
포랜
드
왕

레 바
오 텐
폴 베
드 르
왕 크

모
리
스

발 프
데 로
마 이
르 센
왕

헨 프
리 로
이 센
왕

황 알
태 렉
자 세
이

루
퍼
트

알 스
폰 페
소 인
왕

곤 스
찰 페
로 인
왕

〈그림 18〉 빅토리아 여왕의 자손에서 발견된 혈우병 유전

염색체 중 하나라도 유전자에 돌연변이가 생기면 발병하게 된다. 따라서 성별과 무관하게 질병을 일으킨다. 이와 같은 유전질환으로 레트 증후군Rett syndrome이라 불리는 질병이 있다. 진행성 신경질환인 이 병에서는 지능이나 언어·운동능력의 발달 부진이 발견된다.

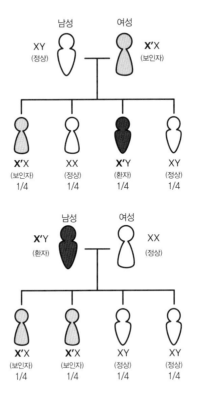

<그림 19〉 X 연관 열성(잠성) 유전의 양식

 한편 X 연관 열성(잠성) 유전은 X 염색체가 하나뿐인 남성에게서 많이 발생한다. 이와 같은 유전질환의 예로 **혈우병**이 있다. 혈우병이란 피를 멎게 하는 '혈액응고인자'를 만들어내는 유전자에 돌연변이가 생겨서 발생하는 질병이다. 따라서 상처가 생겨서 피가 나면 피가 멎을 때까지 오랜 시간이 걸리고, 뇌출혈 등 위험한 출혈

을 일으켜 죽음에 이르기도 한다. 혈액응고인자인 제Ⅷ인자와 제Ⅸ인자를 생산하는 유전자는 X 염색체상에 있다. 이들 유전자에 돌연변이가 있기 때문에 발생하는 질병이 바로 혈우병으로, 제Ⅷ인자의 유전자에 돌연변이가 발생하면 'A형 혈우병', 제Ⅸ인자의 유전자에 돌연변이가 발생하면 'B형 혈우병'이라고 부른다.

이 혈우병은 예로부터 '왕가의 병'이라 불렸는데, **그림 18**에서 알 수 있듯이 영국의 빅토리아 여왕이 혈우병을 일으키는 유전자 돌연변이 보인자였기 때문에 대대로 유럽 왕족의 남성에게서는 혈우병이 발견되었다. 참고로 일본에서는 연간 약 60명이 혈우병에 걸린다 하며, 2017년 시점에서 혈우병 환자의 수는 8666명으로 보고된 바 있다.[2]•

X 연관 열성(잠성) 유전 양식을 따르는 혈우병에서 여성 보인자의 자녀들 중 남아의 경우는 50%의 확률로 혈우병에 걸리고, 여아의 경우는 50%의 확률로 보인자가 된다. 한편 남성 혈우병 환자의 자녀들 중 남아는 혈우병에 걸리지 않고, 여아의 경우는 100%의 확률로 보인자가 된다(**그림 19**).

....

• 한국은 2018년 12월 기준 2,458명이다. (자료: 한국혈우재단 '혈우병백서 2018')

대부분의 질병은 다유전자성 질환

암이나 당뇨병, 심장병 등 일반적인 질병은 헌팅턴병이나 혈우병처럼 단일 유전자 돌연변이 때문에 발생하는 유전질환이 아니라 복수의 유전자 돌연변이가 관여하는 질환이다. 이와 같은 질병을 **다유전자성 질환**이라 부른다. 유전자 돌연변이 하나 때문에 질병이 발생할 위험성은 무척 낮지만 유전자 돌연변이가 다수 축적되고 여기에 환경의 영향까지 받게 되면서 질병이 발생하는 것으로 받아들여지고 있다. 따라서 질병이 발병하는 메커니즘을 규명하려면 어느 유전자에 돌연변이가 있는지 찾아내고, 또 어떠한 환경의 변화 때문에 유전자가 변하는지를 밝혀내야 한다. 그러려면 인간 게놈에는 어떠한 유전자가 존재하는지 모두 해독할 필요가 있다. 그래서 1990년부터 시작된 연구가 바로 **인간 게놈 프로젝트**다. 이는 인간 게놈의 모든 염기배열을 해독하려는 연구다. 해석을 시작하고 13년이 지나, DNA 이중나선 구조를 발견하고 정확히 50주년이 되는 2003년에 인간 게놈의 모든 염기배열이 공개되었다.

여담이지만 1명의 모든 유전정보를 해독하는 비용은 당시 기준으로 9530만 달러였으나 앞으로 몇 년만 지나면 100달러 정도로 1명의 인간 게놈을 해독할 수 있게 된다고 한다. 인간 게놈이 해독되면서 인간과 인간 사이의 염기배열 차이, 다시 말해 개인차는 0.3%라는 사실이 밝혀졌다. 즉, 인간 게놈 전체에서 약 1000만 개의 염기에 차이가 있음을 알아낸 것이다. 이 차이에 따라 약효가 얼마나 잘 듣는지, 술을 얼마나 잘 마시는지, 또는 질병에 대한 '감수성'이 결정되는 것이 아닐까 생각된다.

단일염기다형 — 유전자의 돌연변이가 아닌 다양성

DNA 염기배열의 차이에는 지금까지 언급한 돌연변이^{mutation}뿐만 아니라 다양성^{variant}(변이)이라 불리는 것도 존재한다. 돌연변이는 질병 등을 일으키는 염기배열의 오류를 말한다. 반면 질병을 일으키지 않는 염기배열의 차이를 변이라고 부른다. 그리고 변이가 인간 집단의 1% 이상에서 발견될 경우, 다형^{polymorphism}(폴리모피즘)이라 부른다. 특히 DNA의 1염기만이 다른 경우는 **단일염기다형**$^{single\ nucleotide\ polymorphism}$,

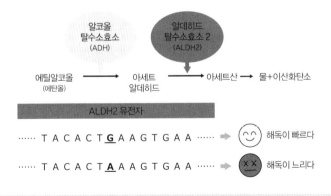

〈그림 20〉 알코올 대사와 SNP의 관계

줄여서 SNP(스닙)라고 부른다. 인간을 비롯한 생물에는 다수의 SNP가 있는데, 이 SNP가 체질을 낳는 원천으로 생각된다. 잘 알려진 SNP의 예로 알코올 대사에 중요한 효소를 생산하는 알데히드 탈수소효소 2^{ALDH2} 유전자가 있는데, ALDH2 유전자의 SNP에 따라 '주량'이 결정된다는 사실이 밝혀졌다(그림 20).

앞서 자신의 게놈을 해독하면 질병에 대한 '감수성'을 알 수 있다고 언급했다. 예를 들어, 어느 유전자에 SNP가 있으면 심장병에 걸릴 확률이 약 1.3배 더 높아진다고 치자. 이는 해당 유전자의 SNP를 지니지 않은 사람과 비교했을 때 통계적으로 심장병에 걸릴 확률이 1.3배 높음을 의미한다. 이 1.3배를 높은 수치라고 받아들일지, 반대로 그다지 높지는 않다고 받아들일지는 사람마다 다르다. 다만 SNP를 알아내면 병에 대한 '감수성'은 웬만큼 알 수 있다 해도 언제 심장병에 걸릴지는 전혀 알 수 없다.

알츠하이머형 치매(알츠하이머병)의 발병에 관여하는 유전자로 아폴리포 단백질 E^{ApoE} 유전자가 있다. 이 ApoE 유전자에 어느 특정한 SNP가 있으면 알츠하이머병에 걸릴 확률이 12배 높아진다는 사실이 밝혀진 바 있다. 하지만 현 시점에서는 알츠하이머병의 명확한 예방법과 치료법이 없기 때문에 게놈 해석을 통해 그러한 SNP를 보유하고 있음을 알아내는 것이 무조건 좋다고는 단언할 수 없다. 오히려 사람에 따라서는 언제 알츠하이머병에 걸릴지 모른다는 불안감에 마음고생만 심해질지도 모른다. '난 건강하니까 병에 걸릴 만한 SNP는 없겠지'라는 생각에 편한 마음으로 게놈을 해석해보았더니 뜻밖에도 유전자 돌연변이나 SNP가 발견될 가능성도 있다. 즉, 자신의 게놈을 조사하면 밝기는커녕 불안만이 가득한 미래가 기다리고 있을 가능성도 있다는 뜻이다.

자, 이 이야기를 들은 여러분은 자신의 게놈에 그려진 설계도를 알고 싶은가? 이 물음에 정답은 없다. 다만 자신의 게놈을 해석하는 것에 어떠한 장점과 단점이 있는지 올바르게 이해하고, 그 후에 해석할지 말지를 스스로 결정해야 한다. 그와 같은 시대가 바로 눈앞까지 와 있다.

염색체의 개수도 중요하다 — 다운 증후군

유전자의 돌연변이뿐 아니라 염색체의 개수나 구조적 이상에 따라서도 심각한 질환이 발생한다. 유병한 질병으로는 보통 2개여야 하는 21번 염색체가 3개 존재해 발생하는 **다운 증후군**Down syndrome이 있다. 염색체가 3개인 경우를 **트리소미**trisomy(세염색체증)라고 한다. 다운 증후군은 21번 염색체가 3개이기 때문에 21트리소미라고 부르기도 한다. 정상적인 난자와 정자는 21번 염색체를 각각 1개씩 지니고 있다. 이 정상적인 난자와 정자가 수정되면서 21번 염색체를 2개 지닌 수정란이 생겨난다. 하지만 경우에 따라서는 21번 염색체를 2개 지닌 난자나 정자가 만들어지기도 한다. 그리고 21번 염색체의 수가 많은 이러한 난자 혹은 정자가 수정되면 21번 염색체가 3개인 사람이 태어난다. 다시 말해 다운 증후군은 유전자의 돌연변이 때문에 발생하는 것이 아니라 난자나 정자를 만들 때 염색체의 수가 바르게 갖추어지지 않아서 발생하는 질병이다.

일본의 다운 증후군 발병률은 700명 중 1명으로 추정되며 환자의 수는 약 8만 명, 추정 평균 수명은 60세 전후다. 다운 증후군 환자에게서는 특징적인 이목구비, 저신장, 발달장애 등이 발견된다. 사실 다운 증후군 환자는 알츠하이머병에도 걸리기 쉽다는 사실이 알려져 있다. 21번 염색체에는 **아밀로이드 전구체 단백질**[APP]의 유전자가 있다. 이 APP가 분해되면 **아밀로이드β 단백질**[Aβ]이라는 불필요한 물질이 생겨나, 뇌에 **노인성 반점**이라 불리는 Aβ의 응집체를 만들어낸다. 이 노인성 반점이 뇌에 축적되면서 신경세포가 사멸하게 되고, 그 결과 인지기능이 저하되는 질병이 바로 알츠하이머병이다.

다운 증후군 환자는 21번 염색체가 3개이기 때문에 정상적인 사람에 비해 APP가 많이 생성된다. 따라서 다운 증후군 환자의 뇌에는 필연적으로 Aβ가 축적되기 쉬우므로 40대에 알츠하이머병과 동일한 증상이 나타난다고 한다. APP의 양이 늘어났을 뿐인데 지적장애가 발생한다. 이는 다시 말해 우리의 몸은 단백질 양을 매우 엄격하게 조절하고 있음을 의미한다.

다운 증후군의 발생률은 출산 시 모친의 연령에 따라 증가한다. 30세 이하의 모친에게서 태어난 아이의 다운증후군 발병률은

0.04%(1만 명 중 4명)지만 모친이 40세 이상이면 0.92%(1만 명 중 92명)로 증가한다. 모친의 연령이 높아지면 어째서 다운 증후군의 발병률도 높아지는지는 밝혀지지 않았다. 하지만 나이를 먹음에 따라 올바른 염색체 개수를 지닌 난자가 만들어지기 어려워진다는 사실이 원인으로 추정된다. 한 가지 주의할 점은 모친의 나이가 젊다고 해서 다운 증후군에 걸린 아이가 절대 태어나지 않으리란 보장은 없다는 사실이다. 참고로 남성도 나이를 먹음에 따라 정확한 개수의 염색체를 지닌 정자를 만들기 어려워진다는 사실이 밝혀진 바 있다.

지금까지 DNA와 유전자의 차이, 그리고 DNA에서 어떻게 단백질이 만들어지는지에 대해 알아보았다. 또한 DNA에서 돌연변이가 발생하면 단백질에 이상이 생겨난다는 사실과 유전자에는 다양한 양식이 있다는 사실에 대해서도 배웠다.

그런데, 완벽하게 동일한 게놈 정보를 지닌 일란성 쌍둥이가 동일한 환경에서 자랐다 해도 서로 전혀 성격이 다르거나 때로는 한쪽만 유전성 질환에 걸리는 경우가 있다. 예를 들어, 일란성 쌍둥이는 약 90%의 확률로 신장이 비슷해진다. 반면 조현병은 완전히 동일한 유전자를 지닌 일란성 쌍둥이 모두에게서 발병하는 것이 아니라 약 50%의 확률로 발병한다. 또한 조현병이 환자의 부모 중 약 90%는 조현병 환자가 아니다. 이는 조현병이 유전적 요인뿐 아니라 성장 환경과 같은 환경적 요인과의 조합에 따라 발병함을 시사한다.

유전자의 스위치 — 일란성 쌍둥이와 네덜란드의 기근

불행한 일이지만 전쟁을 통해 밝혀진 현상도 있다. 제2차 세계대전 말기인 1944년에 일어난 일이다. 연합군이 파리를 해방했을 무렵, 나치 독일은 네덜란드를 지배하고 있었다. 독일군의 전략에 따라 항구가 봉쇄되거나 식량 보급로가 차단되면서 암스테르담을 포함한 네덜란드 서부에서는 심각한 기아가 발생하고 있었다. 엎친 데 덮친 격으로 혹독한 겨울이 찾아오면서 대규모 기근이 발생했고, 1945년 5월에 연합군이 해방시킬 때까지 사람들은 빵과 감자만으로 하루 700kcal 정도의 열량밖에 섭취할 수 없었다. 이는 성인 여성이 소비하는 하루 열량인 2300kcal, 남성 2900kcal에 한참 못 미치는 수치다. 따라서 약 2만 2000명 이상의 사람들이 굶주리며 죽어갔다. 이러한 네덜란드에서의 기근을 경험하고 튤립 구근 가루로 과자를 구워 먹으며 기아에서 살아남은 사람들 중에는 댄서를 꿈꾸던 당시 15세 소녀가 있었다. 바로 22세 때 영화 〈로마의 휴일〉에서 로마를 방문한 여왕 역할로 데뷔한 오드리 헵번이다. 헵번이 평생토록 건강과는 거리가 먼 가냘픈 체형이었던 것은, 당시의 기근 때문이 아니겠느냐고 보는 사람도 있다.

이러한 네덜란드 기근 중, 임신한 여성도 여럿 있었다. 어머니의 배 속에 태아가 있는 기간을 전기, 중기, 후기로 나누면 후기에 기아를 경험한 태아는 출생 당시의 체중이 극단적으로 적게 나간다는 사실이 밝혀졌다. 태어난 후 충분한 영양을 섭취할 수 있게 되었음에도 작고 병약한 아이로 자라나는 비율이 높았던 것이다. 한편 전기에 기아를 경험한 태아는 정상적인 체중으로 태어났다. 하지만 50년이 지나서 태아 전기에 기아를 경험한 사람들을 추적 조사한 결과, 놀랍게도 심근경색, 고혈압, 2형 당뇨병과 같은 **생활습관병**뿐 아니라 **조현병** 등의 **신경정신질환**에 걸린 비율이 높았다.

이 현상은 태아기에 충분한 영양을 섭취하지 못했기 때문에 적은 음식물에서 가능한 한 많은 영양을 흡수하기 위해 몸이 적응한 결과일지도 모른다. 즉, 영양이 부족한 상태에서도 살아남을 수 있도록 적응한 상태에서 태어났는데, 성인이 된 후로 일반적인 식사를 하게 되자 상대적으로 영양이 과다한 상태가 되어 생활습관병에 걸린 것이다. 또한 태아일 때 경험한 영양 환경이 뇌내 DNA의 상태를 변화시키면서 뇌의 발달에 영향을 끼쳤고, 그 결과 신경정신질환을 일으킨 것으로 보인다.[3]

여담이지만 종전 전후의 일본 역시 네덜란드와 마찬가지로 기아 상태에 놓여 있었다. 1945년에 태어난 사람은 현재 74세인데, 그들이 생활습관병에 걸리기 쉬운 이유는 종전 전후의 기아를 경험했기 때문일지도 모른다. 전쟁이 끝나자 일본은 식량도 풍부해졌으며 사람들의 체격도 좋아졌다. 하지만 후생노동성의 2017년도 '국민 건강·영양 조사' 자료에 따르면 20~40대 여성의 평균적인 에너지 섭취량은 50~60대 여성보다 적으며 70세 이상과 동일한 수준이라 한다.[4] 가장 낮은 연령대는 20대로, 칼로리 섭취량은 1694kcal로 나와 있다.

한편 1947년의 동일한 자료를 살펴보면 도시부의 평균 칼로리 섭취량은 1696kcal였다. 다시 말해 2017년의 20대 여성은 심각한 식량난에 시달리던 전후 도시부의 사람들보다도 에너지 섭취량이 적다는 뜻이다. 임신 중인 여성이 야위면 체중이 적게 나가는 아이들이 태어날 확률이 높아진다. 참고로 선진국 중에서 저체중 출생아가 증가하고 있는 국가는 일본뿐이다. 네덜란드 기근이라는 사례에서 미루어보자면 마른 여성에게서 태어난 아이가 성인이 된 훗날의 일본에서는 생활습관병이나 신경정신질환이 지금 이상으로 증가해 있을지도 모른다.

DNA 염기배열의 변화를 일으키지 않는 세포의 성질 변화 — 에피제네틱스

태아기에 경험한 굶주림을 태아는 어떻게 기억하는 것일까? 유전일까? 지금까지 언급해왔듯, 유전이란 난자와 정자를 통해 자녀에게 DNA 염기배열이 전해지는 현상이다. 네덜란드 기근의 경우는 난자와 정자가 수정된 뒤에 모친의 체내에서 태아가 경험한 일이기 때문에 유전에 따른 결과라고 생각하기는 어렵다. 그렇다면 기근 때문에 DNA 염기배열에 돌연변이가 발생한 것일까? 이후의 연구를 통해 영양이 부족하다고 해서 DNA 염기배열에 돌연변이가 생겨나는 일은 거의 없다는 사실이 밝혀졌다.

그렇다면 DNA 염기배열의 변화도, 유전도 아니라면 무엇이 이러한 현상을 조절하는 것일까? 그 힌트가 바로 **에피제네틱스**Epigenetics(후성유전학)라는 발상이다. 에피제네틱스라는 말은 콘래드 H. 워딩턴이 1968년에 만들어냈다. 에피제네틱스란 수정란이 무無의 상태에서 서서히 몸을 형성해나간다는 '후성설epigenesis'과 '유전학genetics'을 합친 단어다. DNA의 염기배열 정보는 변하지 않지만 세포의 성질이 변하고, 그 변화가 기억되어 다음 세대로 유전된다는 발상이다. 그렇다면 삼색 고양이의 털 색깔과 무늬를 예로 들어 에피제네틱스의 구조에 대해 차근차근 알아보도록 하자.

....

 유전의 심화 강의 ① X 염색체 불활성화와 삼색 고양이의 털 색깔

우리의 몸을 형성하는 단백질은 염색체에 있는 유전자에서 만들어진다. 여성이 X 염색체를 2개 지녔다 해서 X 염색체를 하나밖에 지니지 않은 남성보다 단백질을 2배 만들어내는 것은 아니다. 사실 수정 후 이른 시점에서 여성이 지닌 X 염색체 2개 중 어느 한쪽이 불활성화되고, 불활성화된 X 염색체에서는 단백질을 만들지 않게 된다. 이러한 현상을 **X 염색체 불활성화**라고 부른다.

이 X 염색체 불활성화는 어떻게 시행되는 것일까. 단백질로 번역되지 않는 RNA의 모임을 **논코딩 RNA**non-coding RNA라고 한다. 짧은 것은 20염기, 긴 것은 1만 염기가 넘는 경우도 있다. 긴 논코딩

RNA 중에는 DNA와 결합해 그 유전자의 기능을 방해하는 것이 있다. 유명한 논코딩 RNA로는 X 염색체상에 존재하는 Xist 유전자에서 만들어지는 Xist RNA가 있다. 이 Xist RNA를 전사한 X 염색체의 다양한 부위에 Xist RNA가 결합해 X 염색체를 불활성화시킨다. 이 불활성화는 모친에서 유래한 X 염색체에게서만, 혹은 부친에서 유래한 X 염색체에게서만 나타나는 것이 아니라 그야말로 무작위하게 나타난다. 한 번 불활성화된 X 염색체는 평생토록 유지된다. 다시 말해 몸의 어느 부위에는 부친에게서 유래한, 그 외의 부분에는 모친에게서 유래한 X 염색체가 불활성화된 세포 집단이 존재한다는 뜻이다. 이 X 염색체 불활성화의 사례로는 삼색 고양이의 털 색깔을 들 수 있다.

유전자는 모친과 부친에게서 각각 하나씩 자손에게 전달된다. 동일한 유전자라도 형질이 나타나기 쉬운 쪽을 우성(현성), 나타나기 어려운 쪽을 열성(잠성)이라 부르는데, 우성(현성)을 대문자로, 열성(잠성)을 소문자로 표현한다. 삼색 고양이의 털 색깔은 흰색, 검은색, 그리고 갈색이 기본이다. 하얀 얼룩에는 상염색체에 존재하는 S 유전자가 관여하고 있다. 그러므로 암컷에게서 'S'를, 수컷에게서 'S' 혹은 's'를 물려받은, 다시 말해 유전자를 'SS'나 'Ss'의 형태로 물려받았을 때 고양이의 털에는 흰색이 섞인다.

검은 털에 관여하는 유전자는 상염색체에 존재하는 A 유전자다. A 유전자를 'AA' 혹은 'Aa'의 형태로 물려받으면 털 한 올에 검은색과 갈색이 섞인 아구티agouti라 불리는 색이 된다. 따라서 털 한 올이 모두 검은색이 되려면 A 유전자를 'aa'의 형태로 물려받아야만 한다.

마지막으로 갈색 털은 X 염색체에 존재하는 O 유전자에 따라 만들어진다. 암컷의 X 염색체는 2개이므로 'OO', 'Oo', 'oo'라는 3가지 패턴의 O 유전자를 지닐 가능성이 있다. 'OO'의 경우는 털이 갈색으로만 나타난다. 한편 'oo'의 경우는 털이 검은색으로만 나타난다. 그러니 삼색이 되려면 'Oo'여야만 한다. 자, 뭔가 이상하지 않은가? 'Oo'는 우성(현성)인 O 유전자를 지녔기 때문에 갈색 털이어야한다. 하지만 실제로는 갈색으로 고정되는 대신에 검은색이 되기도, 갈색이 되기도 한다. 여기서 중요한 포인트가 바로 조금 전에 언급한 X 염색체 불활성화다. 다시 말해 암컷에게서는 'O 유전자'를

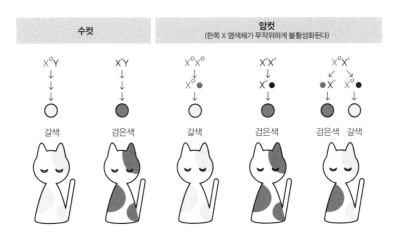

〈그림 22〉 X 염색체 불활성화와 삼색 고양이의 털 색깔

지닌 X 염색체와 'o 유전자'를 지닌 X 염색체가 무작위하게 불활성화되기 때문에 전자의 염색체가 불활성화되면 검은색 부분이, 후자의 염색체가 불활성화되면 갈색 부분이 생기는 것이다. 즉, 삼색 고양이의 털 색깔은 X 염색체 불활성화라는 에피제네틱스에 따라 결정된다는 뜻이다(그림 22).

삼색 고양이의 무늬는 복제할 수 있을까? 사실 미국의 벤처기업—현재는 폐업했지만—인 제네틱스 세이빙스 앤드 클론사가 복제 기술을 이용해 삼색 고양이 '레인보우'의 복제 고양이인 'cc'(이름은 카본 카피, 카피캣, 클론 캣 등의 줄임말)를 만들어냈다. 하지만 'cc'는 레인보우와 다르게 하얀 바탕에 회색 줄무늬였다.[5] 다시 말해 X 염색체 불활성화는 그야말로 우연처럼 무작위하게 벌어지는 현상이며 삼색 고양이의 무늬는 우연히 만들어진 결과이기 때문에 그 무늬를 복제할 수는 없다.

그렇다면 수컷 삼색 고양이는 존재할까? 수컷의 성염색체는 'XY'다. 따라서 'O 유전자' 또는 'o 유전자'밖에 보유할 수 없으므로 흰색과 검은색, 혹은 흰색과 갈색 털을 지닌 수컷만이 태어나야 한다. 하지만 매우 드물게 수컷 삼색 고양이가 존재한다. 여담이지만 일본에서 수컷 삼색 고양이는 뱃길을 안전하게 지켜주는 수호신처럼 받아들여지기 때문에 남극 관측대와도 동행한 바 있다. 이 수컷 삼색 고양이의 이름은 '다케시'로, 케이프타운까지 동행한 후 대원들과 함께 비행기로 귀국했다.

삼색 고양이 수컷은 염색체 이상으로 'XXY'라는 성염색체를 지니고 있다. 다시 말해 암컷 삼색 고양이와 마찬가지로 'OO', 'Oo', 'oo'라는 3가지 패턴의 O 유전자를 지닌 셈이다. '다케시'의 경우는 기적적이게도 'Oo'의 패턴이었기 때문에 삼색 고양이가 된 것이다. '다케시' 같은 수컷 삼색 고양이가 나올 확률은 3만 마리 중 1마리 정도라고 한다. 사실은 인간에게도 '다케시'처럼 X 염색체가 하나 더 있어서 발생하는 **클라인펠터 증후군**Klinefelter syndrome이 있다. 이 성염색체를 보유한 남성은 대개 키가 크고, 마른 체형, 긴 팔다리가 특징인 경우가 많다고 한다. 유년기에 병원에서 진단을 받기도 하지만 성장한 이후로는 불임증을 계기로 발견되는 일이 많다. 또한 약 1000명에 1명꼴로 발병한다고 하며, 일본에서는 6만 명 이상의 환자가 있다고 한다.

혈우병에 대해서는 X 연관 열성(잠성) 유전 부분에서 언급했는데, 보인자인 여성에게서도 출혈이 잘 멎지 않는 증상이 높은 빈도로 발생한다는 사실이 밝혀진 바 있다. 혈우병의 원인 유전자는 X 염색체에 존재한다. 보인자 여성은 돌연변이가 아닌 X 염색체와 돌연변이인 X 염색체를 하나씩 지니고 있다. 즉, X 염색체 불활성화에 따라 돌연변이가 아닌 X 염색체와 돌연변이인 X 염색체가 반반씩 몸에 존재하게 되는 셈이다. 결국 응고인자의 능력도 절반 정도로 줄어들기 때문에 출혈이 잘 멎지 않게 되는 것으로 보인다.

....

색각이상과 슈퍼비전

X 염색체상의 유전자 돌연변이 때문에 발생하는 현상으로 '초록색'과 '빨간색'을 잘 구별하지 못하는 **색각이상**(적녹색각이상이라 불린다)이 있다. 인간은 파란색, 초록색, 빨간색을 구별하기 위해 3종류의 유전자, 청靑 옵신, 녹綠 옵신, 적赤 옵신을 지니고 있다. 청 옵신은 상염색체에 있지만 녹 옵신과 적 옵신은 X 염색체에 존재한다. 또한 녹 옵신과 적 옵신 유전자의 돌연변이는 모두 X 연관 열성(잠성) 유전이다. 따라서 혈우병과 마찬가지로 적녹색각이상 증상은 X 염색체가 하나뿐인 남성에게서 강하게 나타난다. 일본 남성의 약 20명 중 1명이 이 적녹색각이상이라고 한다. 한편 여성의 경우는 X 염색체가 2개이기 때문에 둘 중 하나의 X 염색체만이라도 정상적인 녹 옵신과 적 옵신 유전자를 지녔다면 색각이상이 발생하지 않는다. 다시 말해 X 염색체에 있는 녹 옵신과 적 옵신 유전자 모두에 돌연변이가 생겼을 때만 적녹색각이상이 발생한다는 뜻이니 그만큼 발생 빈도는 낮아지게 된다. 실제로 일본 여성 약 5000명 중 1명만이 적녹색각이상이라고 한다. 색각이상이 발생하는 비율은 20~500명 중 1명으로, 다른 유전질환—예를 들어 혈우병의 발병률은 약 1만 명 중에 1명—에 비해 매우 높기 때문에 일본 유전학회에서는 개인의 다양성으로 받아들이자는 의미에서 색각이상이 아닌 색각다양성이라 부르자고 제안한 바 있다.

앞서 여성에게서는 X 염색체 불활성화가 발생한다고 언급했다. 정상적인 옵신 유전자를 지닌 염색체가 불활성화되고, 돌연변이가 발생한 녹 옵신 혹은 적 옵신 유전자를 지닌 X 염색체가 활성화되면 적녹색각이상을 일으켜야 한다. 하지만 그런 여성은 거의 없다. 삼색 고양이의 털 색깔과 마찬가지로 망막상에는 정상적인 옵신 유전자와 돌연변이가 발생한 옵신 유전자가 무작위하게 존재하기 때문에 망막에서 초록색과 빨간색을 감지하기 위한 옵신이 완전히 사라지지는 않는 것이다. 따라서 일반적인 사람들과 마찬가지로 3색을 식별할 수 있다.

여성 중에는 X 염색체 불활성화로 정상적인 옵신 유전자와 돌연변이를 일으킨 옵신 유전자가 망막에 혼재함에 따라 4색을 식별할 수 있게 된 슈퍼비전(4색형 색각이라 불린다)인 사람들이 있다. 가브리엘 조던의 연구팀에 따르면 여성 24명 중 1명(약 4%)이 4색을 식별할 수 있는 슈퍼비전이라는 보고가 있다.[6] 이는 어느 한쪽 X 염색체의 옵신 유전자에 돌연변이가 개입하면서 그 돌연변이에 따라 지금까지와는 다른 색을 감지할 수 있는 새로운 옵신 유전자가 우연히 생겨났기 때문이라 생각된다.

X 염색체가 하나뿐인 남성에게서 이와 같은 유전자 돌연변이가 발생하면 색깔을 식별하는 능력이 저하된다. 하지만 여성의 경우는 상염색체에서 정상적인 청 옵신, 한쪽 X 염색체에서 정상적인 적 옵신과 녹 옵신, 그리고 돌연변이가 발생한 나머지 X 염색체에서 새로운 색을 느낄 수 있는 새로운 옵신이 생성되면서 도합 4색을 감지할 수 있게 된다. 다시 말해 X 염색체의 불활성화가 무작위하게 발생함에

따라 여성에게는 새로운 옵신이 추가될 수 있다는 뜻이다.

여담이지만 여러분은 전철 노선도를 보고 뭔가를 눈치채지 못했는가? 각 노선은 다양한 색의 선으로 그려져 있다. 수도권에 한정된 예시이기에 송구스럽지만 도쿄 메트로의 철도 운임표를 보면 기존의 노선도와는 다른 형태임을 알 수 있다. 각각의 노선을 유색의 선으로 표현하는 데 그치지 않고 선 안에 '줄무늬'를 넣은 것이다. 이는 색각이상을 지녔다 해도 노선을 쉽게 구별할 수 있게끔 조치한 결과다. 이와 같은 시도는 '컬러 유니버설 디자인color universal design, CUD'이라고 불린다. 여러분도 다른 누군가에게 색깔을 이용해 사물을 설명할 때는 사람에 따라서는 색깔을 구별하기 어려울 수도 있다는 사실을 염두하고 색깔을 고르기를 바란다.

유전의 심화 강의 ② **에피제네틱스와 에피게놈의 차이**

에피제네틱스의 예로서 삼색 고양이의 털 색깔을 주제로 X 염색체 불활성화에 대해 설명했다. 또 다른 에피제네틱스 구조로는 다음의 2가지가 알려져 있다. 첫 번째는 DNA를 화학적으로 변화(DNA 수식)시키는 것이다. 구체적으로는 DNA 배열 중 시토신C 뒤로 구아닌G이 이어지는 배열이 있으면 시토신에 메틸기CH₃를 결합시킨다. 이 반응을 DNA **메틸화**라고 하는데, 다수의 시토신이 메틸화되면 그 메틸화된 부분의 유전자가 불활성화된다. DNA는 한 번 메틸화되면 영구적으로 메틸화되는 것이 아니라 메틸화를 풀어내는 반응-(**탈메틸화**)을 일으켜 유전자가 활성화되는 경우도 있다. 이와 같은 DNA의 메틸화, 혹은 탈메틸화에는 세포 안에 존재하는 DNA에 메틸기를 결합시키는 효소, 메틸기를 풀어내는 각각의 효소가 기능하고 있다.

두 번째 구조는 히스톤을 화학적으로 변화(**히스톤 수식**)시키는 것이다. 앞서도 언급했듯, DNA는 세포의 핵 내부에서 히스톤이라는 단백질에 감겨 있으며, 각 히스톤들은 일정한 간격을 두고 감겨져 있다. 일반적으로 히스톤이 밀집된 장소에서는 DNA 전사가 일어나지 않으며, 히스톤의 간격이 넓은 곳에서는 빈번하게 DNA가 전사된다. 예를 들어, 히스톤에 아세틸기가 결합(**히스톤 아세틸화**)하면 히스톤과 히스톤 사이의 거리가 길어지면서 DNA가 전사되기 쉬워진다. 참고로 에피제네틱스란 DNA 배열을 변화시키지 않고 유전자의 활성화 상태를 변화시키는 구조, 다시 말해 위해서 언급한 DNA 메틸화나 히스톤 수식을 가리킨다. 한편 **에피게놈**(후성유전체)이란 DNA 메틸화나 히스톤 수식과 같이 어느 세포 안에서 벌어지는 후성유전학적 변화의 총칭이다(그림 23).

앞서 게놈을 두고 '46권으로 구성된 추리소설 시리즈'라고 예를 들었다(→94쪽). 에피게놈이란 히스톤 수식이나 DNA 수식에 따라 추리소설 시리즈 중에서도 '이 부분을 읽자', '이 부분은 그만 읽자'라는 지시를 받는 것이라고 예를 들 수 있다. 히스톤 수식은 '이 부분을 읽자'라는 활성형 포스트잇이나 '이 부분은 그만 읽자'라는

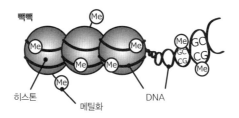

유전자 발현의 활성 제어

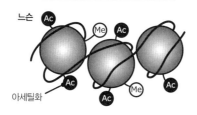

유전자 발현의 활성화

〈그림 23〉 에피제네틱스의 구조

불활성형 포스트잇을 책에 붙여두는 셈이다. 한편 DNA 수식이란 책 안에 쓰여 있는 어느 특정한 문장에 두 줄을 그어 복자伏字 처리를 해서 물리적으로 그 부분을 읽지 못하게 한 상태다. 하지만 포스트잇을 떼거나 복자 처리한 부분을 지우개로 지우면 다시 새것 같은 상태에서 책을 읽을 수 있게 된다. 즉, 게놈은 변하지 않지만 에피게놈 혹은 에피제네틱스는 얼마든지 변할 수 있다는 뜻이다. 다시 말해 포스트잇이나 복자를 이용해 똑같은 내용의 추리소설 시리즈라도 읽는 방식을 얼마든지 바꿀 수 있는 것이다.

게놈의 화학적 수식과 질병 — 유전체 각인에 따른 질병

상염색체에 있는 유전자는 모친과 부친에게서 하나씩 물려받고, 각각의 유전자에서 단백질이 생성된다. 하지만 개중에는 예외적으로 부친 혹은 모친에게서 유래된 유전자에서만 단백질이 만들어지는 경우가 있다. 이와 같은 유전자는 처음부터 어느 한쪽만 기능하도록 DNA에 기억이 새겨져 있다는 사실이 드러났다. 이러한 현상을 **유전체 각인**이라 부르는데, 앞서 언급한 DNA 메틸화와 관련이 있음이 밝혀졌다. 예를 들어, 15번 염색체의 어느 유전자에서는 모친에게서 유래한 DNA만이 메틸화되어 불활성화된다. 따라서 통상적으로는 부친에게서 유래한 유전자에서 단백질이 만들어진다. 이때 부친에게서 유래한 유전자에 돌연변이가 생겨나면 1만 명 중에 1명꼴로 발생하는, 성적 성숙이 더디고 저신장이나 근력 저하, 지적 장애, 비만이 나타나는 **프래더 윌리 증후군**Prader-Willi Syndrome을 일으킨다. 하지만 어째서 유전체 각인이 발생하는지, 그 의의에 대해서는 해명되지 않았다. 다만 수정 시에 모친과 부친에게서 유래한 쌍방의 유전자가 필요하므로 포유류는 단성생식, 다시 말해 모친 혼자 단독으로 아이를 만들지 못한다.

에피게놈의 초기화

우리의 신경, 간, 피부세포는 각각의 형태나 기능은 다르지만 모두 동일한 게놈을 지니고 있다. 그런데 같은 게놈을 지녔는데도 어떻게 신경세포, 간세포, 피부세포처럼 각자 형태와 기능이 다른 세포로 변할 수 있는 것일까? 이는 지금까지 언급해온 후성유전학적(에피제네틱) 변화가 발생했기 때문이다. 다시 말해 각각의 세포가 신경세포, 간세포, 피부세포가 되는 유전자를 후성유전학적 변화에 따라 선택했다는 뜻이다.

그렇다면 난자나 정자의 에피게놈, 혹은 에피제네틱스는 어떻게 이루어지고 있을까? 난자나 정자는 수정 이후 다양한 세포나 조직으로 변한다. 이와 같은 변화를 **분화**라고 하는데, 수정란이 다양한 세포로 분화할 때마다 DNA에는 후성유전학적 표시epigenetic marks가 붙게 된다. 바꾸어 말하자면 난자와 정자는 후성유전학적 표시가 삭제되거나 재설정되고 있다는 뜻이다. 즉, 후성유전학적 표시가 삭제 혹은 재설정되어야만 다양한 세포로 분화될 수 있는 것이다. 이와 같은 현상을 **리프로그래밍**reprogramming 혹은 **초기화**라고 한다.

인공적으로 세포의 후성유전학적 표시를 재설정해 초기화하는 데 성공한 인물은 존 B. 거든이다. 1962년, 거든은 올챙이의 장내 상피세포의 핵을 핵이 제거된 개구리 알에 이식해 초기화하는 데 성공했다.[7] 개구리 실험으로부터 약 40년이 지난 2006년, 다카하시 가즈토시와 야마나카 신야는 실험용 쥐의 섬유모세포(이후 피부가 될 세포)에 4개의 유전자를 인공적으로 더해 후성유전학적 표시를 초기화하는 데 성공, 다양한 세포로 분화될 수 있는 유도 만능 줄기세포induced pluripotent stem cell를 만들어내는 데 성공했다.[8] 영어명의 머리글자를 따서 iPS 세포라고 불린다. iPS 세포의 명명자인 야마나카가 첫 글자를 소문자 'i'로 정한 이유는 당시 세계적으로 대유행한 미국 애플사의 휴대용 음악 플레이어인 'iPOD'처럼 전 세계에 이 iPS 세포의 제작 기술이 보급되었으면 하는 바람을 담았기 때문이라 한다. 2012년, 거든과 야마나카는 '성숙세포가 초기화되어 다기능성을 지닐 수 있음을 발견'이라는 연구 성과로 노벨생리학·의학상을 수상했다.

체질은 환경이나 경험에 따라 달라진다

'부모님 중 한 분이 통통하니 아무리 기를 써봐야 나는 살을 빼지 못할 거야'라며 다이어트를 포기한 적이 있지는 않은가? '내 성격은 부모님한테 물려받았으니 이제 와서 바꿀 수는 없어'라고 생각한 적은 없는가? 이러한 자신의 체질이나 성격은 부모에게서 유전된 요인이라는 이유로 바꾸기를 포기한 사람이 많을지도 모른다. 하지만 평소에 식사에 신경을 쓰거나 운동을 하다 보면 살은 빠진다. 또한 성격 역시 일상생활에서의 언동에 주의를 기울이면 변하기도 한다. 다시 말해 우리 모두는 환경이나 체험에 따라 체질이나 성격을 바꿀 수 있음을 경험한 바 있다. 그렇다면 몸 안의 무엇이 달라졌기 때문에 이러한 변화가 발생하는 것일까?

꿀벌은 집단으로 행동하며 역할 분담을 통해 서로 돕는, 고도의 사회성을 지닌 곤충으로 알려져 있다. 꿀벌에는 다양한 종류가 있지만 같은 꿀벌이라도 성미가 매우 온화한 이탈리아꿀벌과 집단으로 사람을 공격하고 최악의 경우에는 사람을 죽이기도 하는 난폭한 아프리카화꿀벌(별명 killer bee)이 있다.

진 E. 로빈슨은 부화 1일째 된 이탈리아꿀벌 유충을 아프리카화꿀벌집으로 옮기고, 부화 1일째 된 아프리카화꿀벌 유충을 이탈리아꿀벌집으로 옮겨서 갓 부화한 2종류의 꿀벌이 성장하면 성격이 어떻게 변하는지 조사했다.

연구 결과, 갓 부화한 유충이라면 다른 종류의 꿀벌이라도 각각의 벌집에서 받아들여질 뿐 아니라 아프리카화꿀벌집으로 옮겨진 이탈리아꿀벌은 아프리카화꿀벌과 마찬가지로 공격적으로 변했다는 사실이 밝혀졌다. 반면 이탈리아꿀벌에게 길러진 아프리카화꿀벌은 얌전하게 변했다. 다시 말해 환경에 따라 성격이 변했다는 뜻이다. 계속해서 연구를 진행한 결과, 아프리카화꿀벌이 난폭해지려면 경계 페로몬이라는 환경의 자극이 필요한데, 경계 페로몬에 따라 아프리카화꿀벌의 유전자 중 약 10%가 후성유전학적 변화를 일으킨다는 사실이 밝혀졌다. 마찬가지로 아프리카화꿀벌의 경계 페로몬에 노출된 채 성장한 이탈리아꿀벌의 유전자 역시 후성유전학적으로 변했다. 즉, 경계 페로몬은 타고난 게놈 염기배열의 변화를 일으키는 대신 후성유전학적인 변화를 일으켜 꿀벌이 온화한 성격에서 난폭한 성격으로 변하게끔 '유전자 스위치'를 크게 돌려놓는다는 사실이 밝혀진 셈이다.[9]

'가문보다 가정이 중요하다'라는 말이 있다. 가문이나 신분보다 자라난 환경이나 교육이 인격 형성에 더욱 큰 영향을 끼친다는 뜻이다. 꿀벌 실험은 행동이나 성격 형성에는 유전자의 역할도 중요하지만 환경의 영향에 따라 발생하는 후성유전학적 변화 역시 중요하다는 점을 알려준다. 다만 어째서 환경의 변화에 따라 후성유전학적인 변화가 발생하는지, 그 자세한 구조에 대해서는 아직 밝혀지지 않았다.

에피네제틱스는 다음 세대로 전해질 것인가?

토드 풀스톤은 수컷 실험용 쥐 20마리를 두 그룹으로 나누어 10주 동안 한 그룹에는 고지방식을, 그리고 나머지 한 그룹에는 통상적인 먹이를 주었다. 그 결과, 고지방식 그룹에 속한 수컷 쥐의 체지방률은 약 20%까지 상승하며 정소나 정자 세포에서 만들어지는 논코딩 RNA의 종류가 크게 변한다는 사실을 알아냈다. 이 논코딩 RNA의 종류 변화는 후성유전학적 변화와 연동된다고 한다.

이어서 고지방식을 먹고 뚱뚱해진 수컷 쥐를 건강한 암컷 쥐와 교배시켜서 자식 세대의 쥐 역시 수컷 쥐처럼 논코딩 RNA의 종류가 변하는지 알아보았다. 그리고 자식 세대의 암컷과 건강한 수컷 쥐를 교배시켜서 태어난 손자 세대에서도 마찬가지로 논코딩 RNA의 종류 변화가 발생하는지를 알아보았다.

놀랍게도 암수를 불문하고 자식 세대의 모든 쥐에게 논코딩 RNA의 종류 변화가 이어진다는 사실이 드러났다. 특히 자식 세대의 암컷은 약 70% 가까이 비만율이 상승했다. 그리고 암컷의 자식이 낳은 손자 세대의 수컷 역시 약 30% 가까이 비만율이 상승했다. 다시 말해 고지방식을 먹고 뚱뚱해진 아빠 쥐의 영향이 두 세대에 걸쳐 이어진 것이다.[10] 겨우 10주 동안 이어진 식습관의 변화가 생식세포의 에피제네틱스 상태에 영향을 끼치고 두 세대에 걸쳐 그 영향이 유전되는, 다시 말해 손자 세대에게까지 비만 체질이 전해진다는 사실이 밝혀진 셈이다.

이러한 구조가 정말로 우리의 몸에 심어져 있다면 한 가지 의문이 든다. 과연 공부나 신체 단련과 같은 개인의 노력도 후성유전학적 변화를 일으켜 다음 세대에게로 유전될까? 또한 인간은 유전자의 돌연변이나 SNP의 변화가 아닌, 거듭된 노력을 통해 후성유전학적 변화를 거치며 '진화'하는 것일까? 이와 같은 의문에 대답하기 위한 연구는 이제 막 시작된 참이다.

용액 속 DNA의 모습을 동영상으로 보실 수 있습니다. 전기영동* 영상에서는 전기영동에 따라 DNA가 지연되는 모습을 확인할 수 있습니다.

통상적인 DNA

전기영동 중인 DNA

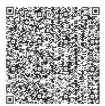

* DNA나 RNA, 단백질 등 전하를 지닌 생체분자를 전기적 힘으로 이동시켜 분리하는 실험기술.

신형 출생 전 진단

신형 출생 전 진단에 관해서 이야기하기에 앞서 **출생 전 진단**이 무엇인지부터 설명해 보도록 하겠다. 출생 전 진단으로는 임신한 모체의 자궁에 긴 주삿바늘을 찔러서 양수를 채취하고, 채취한 양수 내부의 물질이나 양수 속 태아의 세포를 토대로 염색체나 유전자의 이상을 알아보는 양수 검사나, 초음파 검사 혹은 MRI를 통해 태아의 기형 유무를 진단하는 방법, 모체의 혈액으로 태아가 질병을 지녔을 확률을 알아보는 검사(모체 혈청 선별검사) 등이 있다. 또한 영국이나 미국에서는 모든 임산부에 대해 21 트리소미인지 아닌지를 검사하는 출생 전 진단을 권하고 있다. 한편 일본에서는 염색체에 이상을 지닌 아이를 출산한 적이 있는 사람, 근친자 중에 염색체 이상을 지닌 사람이 있어서 유전이 걱정되는 사람, 35세 이상의 노산이어서 다운 증후군의 위험성이 높은 사람 등, '검사를 희망하는 사람'에게 실시될 뿐, 의사가 적극적으로 권하는 상황은 아니다.

모체나 태아에게 안전한 방법인 초음파 검사나 MRI로는 태아가 순조롭게 자라고 있는지, 팔다리나 장기에 이상이 없는지 등의 정보를 얻을 수 있다. 일본에서는 14회 정도 실시되는 임산부 검진 중에서 4회 정도 초음파 검사를 실시한다. 하지만 초음파 검사나 MRI로는 장기가 올바르게 기능하고 있는지까지는 알아볼 수 없다.

한편 모체 혈청 선별검사에서는 모체의 혈액 속 4가지 성분(α페토프로테인, 인간 융모성 고나도트로핀, 비포합 에스트리올, 인히빈 A)을 측정한다. 이 성분들은 임신 중에 태아 혹은 태반에서 만들어진다. 이 성분들을 조사해 태아에게 다운 증후군, 18번 염색체가 3개인 18트리소미, 개방성 신경관 기형이 있는지 알아볼 수 있다. 참고로 18트리소미에서는 심장의 구조에 이상이 발견되며 발달 부진이 발생한다. 또한 출생 이후로도 중증 지적장애가 발생한다. 개방성 신경관 기형이란 임신 초기에 형성되는 태아의 신경관이 정상적으로 형성되지 못해 태아의 뇌나 척추에 장애가 발생하는 질병이다. 구체적으로는 척추가 정상적으로 형성되지 않는 이분척추(二分脊椎)나 두개골이 정상적으로 형성되지 않아 뇌가 발달하지 않는 무뇌증(無腦症) 등이 있다. 이 모체 혈청 선별 검사는 모체의 혈액만 채취하면 끝나기 때문에 몸의 부담은 적지만 태아가 정상이라 진단할 수 있는 정밀도는 80~85%로, 그다지 높지 않다는 점이 문제다.

양수 검사에서는 임신 16주 전후의 모체에서 채취한 양수를 이용해 검사를 한다. 양수에 함유된 태아의 세포를 통해 염색체 개수의 이상(21트리소미, 13트리소미(구순구개열이나 두피의 부분적 결손, 다지증과 같은 외견상의 특징을 지닐 뿐 아니라 중증 심혈관계 기형을 지닌다. 1년간 생존할 확률은 약 10%라고 한다), 18트리소미 등)이나 염색체의 구조적 이상(결손 등)을 알아볼 수 있는데, 검사의 정밀도는 거의 100%로 매우 높다. 하지만 자궁에 바늘을 찔러 넣기 때문에 약 0.1~0.3%(1000명 중 1~3명)의 비율로 유산할 위험성이 있다. 따라서 양수 검사 외에는 염색체 이상을 확인할 수 없는 경우에만 실시하고 있다.

그렇다면 **신형 출생 전 진단**이란 무엇일까? 1997년, 모친의 혈액 속에 태아에서 유래한 DNA 단편이 존재한다는 사실이 보고되었다.[11] 또한 태아에서 유래한 DNA 단편은 모친의 혈액 속 DNA 단편의 약 10%를 차지한다. 신형 출생 전 진단에서는 모친의 혈액 속에 존재하는 태아와 모친에게서 유래된 DNA 단편에 주목했다. 구체적으로 말하자면 피를 뽑아서 모친의 혈액 속에 존재하는 DNA 단편을 채취해, 모친과 태아 어느 쪽에서 유래했는지와 무관하게 모든 DNA 단편의 염기배열을 해독한다. 그리고 해독한 DNA 단편의 염기배열 정보를 통해 몇 번째 염색체에서 유래한 DNA

단편인지를 결정해나간다. 이 절차를 반복해 몇 번째 염색체에서 유래한 DNA 단편이 혈액 속에 얼마나 존재하는지, 그 존재비를 알아낼 수 있다. 예를 들어, 다운 증후군의 경우는 21번 염색체가 3개 존재한다. 태아가 정상이라면 모친과 태아를 합친 21번 염색체에서 유래한 DNA 단편은 전체의 1.3%여야 한다. 하지만 태아가 다운 증후군일 때는 태아의 몫만큼 21번 염색체에서 유래한 DNA 단편이 증가하기 때문에 그 비율은 1.42%로 늘어난다. 다시 말해 모친의 혈액 속에 21번 염색체에서 유래한 DNA 단편이 늘어났다면 태아는 다운 증후군이라는 진단을 내릴 수 있다는 뜻이다. 마찬가지로 13트리소미나 18트리소미 역시 진단할 수 있다. 이 방식에 따른 검사는 정밀도가 매우 높아, 다운 증후군은 99%의 정밀도로 검출해낼 수 있다는 사실이 보고된 바 있다.[12] 다만 주의해야 할 점은 정밀도 99%란 신형 출생 전 진단에서 음성, 즉 정상이라는 진단을 받은 경우로, 양성이라는 진단을 받았다면 정확성을 기하기 위해 추가로 양수 검사를 실시할 필요가 있다. 이 신형 출생 전 진단은 혈액을 채취하므로 비침습 검사[*]라 단언하기에는 다소 무리가 따르지만 **비침습적 산전 유전학적 검사** (non-invasive prenatal genetic testing, **NIPT**)라고 불린다(그림21).

이 NIPT는 최근 DNA 염기배열을 해독하는 기술이 비약적으로 발전하면서 가능해진 검사로, 2011년에 미국에서 진단을 시작했다. 일본에서는 2013년부터 임상 연구로서 일본 산부인과 학회가 인정한 시설에 한해, 유전에 관한 고민이나 불안, 의문에 대해 의사에게 미리 유전 상담을 받은 후 NIPT 검사를 받을 수 있게 되었다. 다만 검사를 받으려면 임신 시 35세 이상이거나 염색체에 이상이 있는 태아

---

[*] 인체에 고통을 주지 않고 생체 정보를 얻어내는 계측법.

를 임신한 경험이 있어야 한다는 등의 조건이 붙는다. 게다가 비용도 비싸다. 그런 데도 2013년 4월부터 2017년 9월까지 약 4년간 5만 1139명의 임산부가 이 검사를 받았다. 그중 양성, 즉 비정상이라는 결과가 나온 임산부는 933명이었다. 이후 양 수 검사 등의 확정 검사를 받고 양성이 확정된 임산부는 700명으로, 이들 중 654 명, 약 93%의 임산부가 인공임신중절을 선택했다. '자신의 게놈을 알고 싶은가?'라 는 질문과 마찬가지로 NIPT를 받을지 말지, 그에 대해서는 우선 유전학에 관한 전 문적인 지식을 갖춘 의사에게 유전학 상담을 받아 장점과 단점을 올바르게 이해한 후에 결정하는 것이 중요하다.

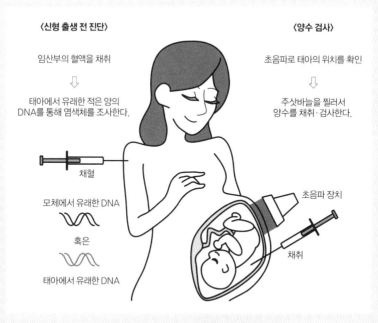

〈신형 출생 전 진단〉

임산부의 혈액을 채취

⇩

태아에서 유래한 적은 양의
DNA를 통해 염색체를 조사한다.

채혈

모체에서 유래한 DNA

혹은

태아에서 유래한 DNA

〈양수 검사〉

초음파로 태아의 위치를 확인

⇩

주삿바늘을 찔러서
양수를 채취·검사한다.

초음파 장치

채취

〈그림 21〉 양수 검사와 신형 출생 전 진단의 개요

제 3 장

세포주기, 암, 약-

세포의 폭주를 억제한다

1600년 9월, 도쿠가와 이에야스[*]는 세키가하라 전투에서 이시다 미 츠나리가 이끄는 서군을 격파했다. 이때 이에야스는 59세였다. 그로부 터 15년 뒤인 오사카 여름 전투에서 도요토미 가문을 멸망시키고 천 하통일을 이루어냈지만 이듬해 75세로 세상을 떠났다. 당시의 평균 수명은 35세 전후였지만 이에야스가 이상하리만치 장수할 수 있었던 이유 중 하나는 이에야스가 '건강 마니아'였기 때문일지도 모른다.

이에야스는 국 하나에 나물 하나뿐인 검소한 식사를 즐겼고, 제 철 식재료를 적극적으로 섭취했으며, 반드시 익힌 음식만을 먹었다. 또한 매 사냥, 검술, 승마와 같은 운동도 빼먹지 않았다. 시즈오카현에 약초밭을 만들어 그곳에서 재배한 100종류 이상의 약초를 스스로 조 합하기도 했다. 그리고 아들인 도쿠가와 히데타다나 막부의 의관에게 약초에 관한 지식을 전했다. 그 지식은 이후 고이시카와 약원(에도 막부 의 약초원)의 설립으로 이어졌다. 고이시카와 약원은 메이지 유신 이후 고이시카와 식물원으로 이름이 바꾸었고, 1877년에 도쿄 대학교 이 학부의 부속시설이 되었다. 현재는 일반인들도 입장이 가능하다.

---

[*] 에도 막부의 초대 쇼군으로, 도요토미 히데요시가 사망한 후 전국의 패권을 휘어잡아 향후 260년 가까이 지속된 에도 시대의 막을 열었다.

건강 마니아 일본인의 사망 원인

이에야스 못지않게 현대 일본인들 역시 건강 마니아라 해도 과언이
아닐 것이다. 잡지나 텔레비전에서는 '○○의 성분은 암 발생을 억제한

부위	생애 암 이환율		생애 암 사망 위험도	
	남성	여성	남성	여성
전암	62%	47%	25%	15%
식도	2%	0.5%	1%	0.2%
위	11%	5%	3%	2%
결장	6%	5%	2%	2%
직장	4%	2%	1%	0.6%
대장	9%	8%	3%	2%
간	3%	2%	2%	0.9%
담낭·담관	2%	2%	1%	0.8%
췌장	2%	2%	2%	2%
폐	10%	5%	6%	2%
유방		9%		2%
자궁		3%		0.7%
자궁경부		1%		0.3%
자궁내막		2%		0.3%
난소		1%		0.5%
전립선	9%		1%	
악성림프종	2%	2%	0.8%	0.5%
백혈병	0.9%	0.7%	0.6%	0.3%

⟨표 1⟩ 암에 이환될 확률과 암으로 사망할 확률[*] (자료: 일본 국립 암 연구센터 암 대책 정보센터)

---

[*] 한국 암 발생률과 암 사망률은 e-나라지표에 자세하게 정리되어 있다. (e-나라지표 홈페이지: index.
go.kr, 암 발생 및 사망 현황: http://www.index.go.kr/potal/main/EachDtlPageDetail.do?idx_cd=2770)

다', '장수하고 싶다면 ○○을 먹지 마라'는 등 건강과 관련된 온갖 정보가 흘러나온다. 또한 다양한 건강보조식품 CM이나 광고도 눈에 띈다. 하지만 세계에서 손꼽히는 장수국인 일본에서 생애 마지막까지 왕성하게 활동하다 평온하게 천수를 마치는, '무병장수'하는 사람은 많지 않다. 사실 일본은 오랫동안 병구완을 받다 세상을 뜨는 경우가 다른 나라에 비해 두드러지게 많은 '와병장수'국으로, 남성은 평균 9년, 여성은 평균 12년 동안 간병을 받는다고 한다. 자리에 누워 시름시름 앓다 세상을 하직하지 않기 위해서라도 건강 마니아가 될 수밖에 없었는지도 모른다.

다양한 질병 중에서도 일본인이 가장 두려워하는 병은 암이 아닐까. 이는 일본인이 한평생 암에 걸릴 확률이 남성 62%, 여성 47%, 암으로 사망할 확률이 남성 25%, 여성 15%로 매우 높기 때문이다(표 1). 다만 암은 현대 의료기술이나 치료약이 발달하면서 조기에 발견하고 치료한다면 상당히 높은 확률로 나을 수 있는 병으로 받아들여지기

	1위	2위	3위	4위	5위
남성	폐	위	대장	간	췌장
여성	대장	폐	췌장	위	유방
합계	폐	대장	위	췌장	간

〈표 2〉 2017년도 사망자가 많은 암* (자료: 일본 국립 암 연구센터 암 대책 정보센터)

---

* 한국에서 2018년 기준 사망자 중 가장 많은 암은 폐암이다. 간암, 대장암, 위암, 췌장암이 뒤를 이었다. 남성 암 사망자는 폐암, 간암, 위암, 대장암, 췌장암 순이고, 여성 암 사망자는 폐암, 대장암, 췌장암, 간암, 위암 순이다. (자료: 통계청, '2018년 사망원인통계')

부위	남성	여성	부위	남성	여성
전부위	59.1%	66.0%	유방		91.1%
구강·인두	57.3%	66.8%	자궁		76.9%
식도	36.0%	43.9%	자궁경부		73.4%
위	65.3%	63.0%	자궁내막		81.1%
결장	73.8%	69.3%	난소		59.0%
직장	69.9%	70.3%	전립선	97.5%	
대장	72.2%	69.6%	방광	78.9%	66.8%
간	33.5%	30.5%	신장 등	70.6%	66.0%
담낭·담관	23.9%	21.1%	뇌·중추신경계	33.0%	38.6%
췌장	7.9%	7.5%	갑상선	89.5%	94.9%
후두	78.7%	78.2%	악성림프종	62.9%	68.5%
폐	27.0%	43.2%	다발성골수종	36.6%	36.3%
피부	92.2%	92.5%	백혈병	37.8%	41.3%

〈표 3〉 5년 상대생존율* (자료: 일본 국립 암 연구센터 암 대책 정보센터)

시작했다.

2017년에 일본에서 암으로 사망한 사람은 37만 3334명이다. 암에 따른 사망 원인은 표 2에 나와 있듯 남성과 여성에 차이가 있다.[1] 또한 암 진단을 받았을 경우, 치료를 통해 얼마나 목숨을 건질 수 있는가에 대한 지표로 5년 상대생존율이 있다. 이는 어떤 암이라 진단을 받은 사람이 5년 동안 생존할 확률과 일반 인구가 5년 동안 생존

* 한국 2012~2016년 암발생자의 5년 상대생존율(이하 생존율)은 점점 높아져서 70.6%로, 2001~2005에 진단받은 암환자의 생존율 54.0% 대비 16.6% 증가했다. 5년 생존율을 보면 갑상선암(100.2%), 전립선암(93.9%), 유방암(92.7%)이 생존율인 비교적 높게 나타났고, 상대적으로 생존율이 낮은 암종은 간암(34.3%), 폐암(27.6%), 췌장암(11.0%)이다. (자료: 국립암센터)

할 확률을 비교해 나타낸 지표다. 구체적으로 말하자면 100%에 가까울수록 치료를 통해 생명을 건질 수 있는 암이며, 0%에 가까울수록 치료로 생명을 건지기 어려운 암이라는 뜻이다. 또한 2006~2008년 사이에 암 진단을 받은 사람의 5년 상대생존율은 남녀 합계 62.1%(남성 59.1%, 여성 66.0%)다. 이 수치는 다양한 장기에서 발생한 암의 모든 통계를 평균화한 결과다. 그리고 암이 발생한 장기별로 보자면 피부암, 유방암, 전립선암, 갑상선암은 생존할 확률이 매우 높지만 식도암, 간암, 폐암, 췌장암은 생존하기 어려움을 알 수 있다(표 3).

암이란?

도대체 **암**이란 무엇일까? 암이란 어느 조직의 세포가 멋대로 과다 증식해 덩어리(**종양**)를 형성하고, 증식한 암세포가 주변의 정상적인 조직에 침투해 확산(**침윤**)되거나, 떨어진 곳에서도 증식(**전이**)을 일으키는 질환이다. '폐암'이나 '위암'이란 처음에 종양이 생겨난 장소를 가리키는 것이다.

암을 영어로는 cancer라고 한다. 이 'cancer'에는 암이라는 의미 외에도 거대한 게, 혹은 게자리라는 의미도 있다. 독일어로는 암을 krebs라고 한다. 알고 보면 이 또한 게라는 의미다. 어째서 암을 게라는 단어로 표현하는 것일까?

최초로 암을 게에 빗댄 인물은 기원전 고대 그리스의 히포크라테스다. 유방암은 환자 본인이 직접 만질 수 있는 암이기 때문에 기원전의 고대 그리스에서는 유방암 수술이 이미 실시되고 있었으리라 생각된다. 그리고 히포크라테스는 적출해낸 암 덩어리를 잘라내 그 단면을 스케치했던 모양이다. 그 스케치에는 암 세포가 주변 조직으로 침윤해가는 모습이 마치 다리를 뻗친 게처럼 보였는지 '카르키노스(그리스어로 '게를 닮았다')'라고 적혀 있다. 이것이 암을 게라고 부르게 된 계기였던 듯하나, 진위 여부는 알 수 없다.

발암의 원인을 찾아서 ― 기생충설·화학물질설·바이러스설

그렇다면 암은 우리의 몸 안에서 어떠한 계기로 발생하는 것일까? 1907년, 요하네스 피비게르는 위암에 걸린 쥐를 연구하던 중, 쥐에 선충Spiroptera carcinoma이 기생하고 있다는 사실을 발견했다. 이 선충은 쥐의 먹이인 바퀴벌레에 기생한다. 그래서 피비게르는 위가 멀쩡한 쥐에게 선충이 기생한 바퀴벌레를 먹이로 주었고, 그 결과 높은 확률로 위암이 발생한다는 사실을 1913년에 발견했다. 다시 말해 인공적으로 암을 만들어내는 데―인공 발암―에 세계 최초로 성공한 것이다.

비슷한 시기에 도쿄 대학교 의학부의 야마기와 가쓰사부로는 해

부한 시신의 대부분에서 위암이 발생했음을 발견하고 암의 발생 원인에 대해 의문을 품었다. 그리고 암을 인위적으로 만들어낼 수 있다면 암이 발생하는 원인을 해명할 수 있으리라 생각했다. 당시 일본은 페스트균을 발견한 기타사토 시바사부로나 적리균을 발견한 시가 기요시와 같은 사례에서 알 수 있듯이 감염증에 관한 연구에서 세계를 주도하고 있었다. 따라서 일본에서는 세균 등에서 비롯된 전염병 연구가 가장 중요하게 여겨졌고, 유감스럽게도 암 연구는 등한시되고 있었다.

야마기와는 굴뚝 청소부 중에 피부암 환자가 많다는 사실에 주목했다. 그리고 피부암은 굴뚝의 검댕에 함유된 콜타르가 굴뚝 청소부의 손, 얼굴, 머리와 같은 피부의 세포를 자극해 발생하는 질병이라고 생각했다. 굴뚝 청소부가 무슨 직업인지 모르겠다면 영화 〈메리 포핀스〉를 한번 감상해보기 바란다.

동물의 귀에서는 암이 자연히 발생하지 않는다고 생각한 야마기와는 토끼의 귀를 실험에 이용했다. 수의사인 이치카와 고이치와 함께 토끼의 귀를 문질러가며 콜타르를 발랐고(이치카와 스스로는 이 방법을 도찰塗擦이라고 불렀다), 이후 피부의 상태가 어떻게 변하는지를 관찰했다. 그리고 3년 넘게 걸린 실험 끝에 토끼의 귀에서 암을 만들어내는 데 성공했다. 실험에 사용된 토끼는 105마리로, 그중 암이 발생한 토끼는 31마리다. 이 실험 결과는 당시 쉽게 받아들여지지 않아, 교토대학교의 도리카타 류조는 학회 석상에서 "암癌, 안贋, 완贋, 어느 것을

말하는 건가, 두 번째는 가짜라는 뜻이고, 세 번째는 완고하다는 뜻인데"라고 말했다.[2] 참고로 연구에 매진하는 야마기와의 모습은 영화 〈토끼를 쫓아うさぎ追いし〉에 묘사되고 있다.[3]

쓰쓰이 히데지로는 야마기와의 실험 방법을 이용해 실험용 쥐의 등에 콜타르를 발랐다. 그 결과, 토끼의 귀보다도 더욱 빠르게, 그리고 높은 확률로 암을 발생시키는 데 성공하면서 야마기와의 실험 결과가 옳았다는 사실을 증명해냈다. 하지만 콜타르는 다양한 화학물질의 혼합물이기 때문에 어느 물질이 피부암을 일으키는지, 다시 말해 무엇이 발암물질인지는 알 수 없었다.

1928년에 어니스트 L. 케너웨이는 합성 탄화수소인 1, 2, 5, 6-디벤즈안트라센dibenzanthracene이 피부암의 발암물질이라는 사실을 보고했다. 4년 뒤인 1932년, 사사키 다카오키는 섬유제품 등을 염색할 때 사용하는 아조 색소azo dyes라 불리는 화학물질을 사료에 섞어서 쥐에게 먹였고, 그 결과 간암이 발생한다는 사실을 발견했다. 이러한 추가 실험 결과를 통해 야마기와가 발견한, 화학물질 때문에 암이 발생하는 현상이 세계적으로 인정받게 되었다. 도쿄 대학교 종합연구 박물관과 홋카이도 대학교 종합박물관에는 야마기와가 실험에 이용한 토끼 귀의 표본이 남아 있으며 실제로 견학할 수 있다. 참고로 사사키는 1935년, 1936년, 1939년, 1941년에 추천자를 통해 노벨생리학·의

•   암, 안, 완 모두 일본어로는 '간'이라고 읽는다.

학상 후보에 올랐지만 유감스럽게도 수상하지는 못했다.[4]

화학물질에 따른 발암―화학 발암―의 발견이라는 야마기와의 연구 성과는 네 번이나 노벨생리학·의학상 후보에 올랐다.[5] 1925년과 1936년은 모두 일본인이 추천한 것이지만 1926년과 1928년은 기생충을 이용해 인공적으로 암을 발생시킨 피비게르와 나란히 후보자에 이름이 올랐는데, 이는 해외 연구자들에게서 받은 추천이다. 그중에서도 1926년에는 최종 심사에까지 남았지만 최종적으로는 피비게르에게 단독으로 노벨생리학·의학상이 수여되었다. 그 가장 큰 이유는 피비게르가 세계 최초로 인공 발암을 성공시킨 인물이며 야마기와의 성공은 세계에서 두 번째라고 평가받았기 때문이다.

하지만 1952년, 비타민 A 결핍증에 걸린 쥐에게 선충이 감염되었을 때에만 피비게르가 발견한 병변―다만 악성종양(암)은 아니다―이 발생한다는 사실이 보고되었다. 그리고 피비게르가 남긴 표본을 다시 분석해보아도 악성종양은 발견할 수 없었다. 따라서 현재는 피비게르의 연구에 오류가 있었을지도 모른다고 받아들여지고 있다. 역사에 '만약'은 없다지만 조금은 안타까운 일이다.

그렇다면 화학물질이 아닌 다른 요인을 통해서도 암이 발생할까? 1909년 9월, 농가의 여성이 애완용으로 기르던 암탉을 안고 미국 록펠러 대학교의 프랜시스 페이턴 라우스를 찾아왔다. 그 암탉은 생후 약 15개월로, 2개월쯤 전부터 가슴에 커다란 멍울이 생겨났다. 주인인 그 여성은 라우스에게 닭의 멍울을 제거해 달라 부탁했고, 라우스는 1909년 10월 1일에 닭의 멍울을 적출하는 수술을 실시했다. 적출한 멍울은 가슴 근육에서 생겨난 악성종양(육종이라 불린다)이었다. 하지만 수술한 지 1개월 후, 육종 안에 존재했던 암세포가 복부 전체로 퍼져 닭은 죽고 말았다.

라우스는 이 닭의 육종이 머리에서 떠나지 않았다. 그래서 닭에서 떼어낸 육종을 다른 닭에게 이식한 결과, 이식받은 닭에서도 육종이 발생한다는 사실을 1910년에 발견했다. 이듬해인 1911년에는 닭에서 떼어낸 육종을 으깨서 용액을 만들고, 그 용액을 샹베를랑 여과기—용액 중에 포함된 세균을 제거할 수 있는 여과 장치로, 1884년에 샤를 샹베를랑이 초벌구이 도자기를 이용해 개발했다—로 여과했다. 그리고 그 여과액을 닭의 피하조직 내에 주사하자 육종이 발생한다는 사실을 발견해냈다. 이 실험 결과를 통해 라우스는 '세균보다도 작은 병원체가 존재한다는 사실'과 '그 병원체가 암을 유발한다는 사실'을 공표했다.[6] 그리고 이 여과액에 함유된 병원체를 종양 여과성 병원체—현재는 라우스 육종 바이러스로 알려져 있다—라고 불렀다. 하지만 당시 아무도 그의 연구를 거들떠보지 않았다. 당시의 광학현미경으로는 세균보다 작은 1마이크로미터 이하의 병원체는 관찰할 수 없었으므로 여과액에 병원체가 존재한다는 사실을 곧이곧대로 받아들이기는 어려웠던 것이다. 또한 라우스가 발견한 라우스 육종 바이러스는 닭에게 감염되면 100% 확률로 암이 발생하지만 다른 동물에게서는 암이 발생하지 않기 때문에 종양 여과성 병원체가 실제로 존재하는지 의문시되었다. 사실은 1913년에 후지나미 아키라 역시 닭의 육종을 이식할 수 있다는 사실을 발견한 바 있다. 이처럼 눈에 보이지 않는 정체 모를 종양 속 물질 때문에 암이 발생한다는 사실이 밝혀지기 시작했다.

1930년대에 접어들어 극히 미세한 물체까지 관찰할 수 있는 전자현미경이 개발되면서 라우스와 후지나미가 발견한 종양 여과성 병원체가 작은 입자라는 사실이 밝혀졌다. 그리고 이 입자를 '독액'을 의미하는 라틴어인 virus에서 유래해 바이러스라고 부르게 되었다. 참고로 라우스가 주장한 종양 여과성 병원체는 라우스 육종 바이러스, 후지나미가 주장한 종양 여과성 병원체는 후지나미 육종 바이러스로, 각기 다른 바이러스다.

암이 바이러스 때문에 발생한다는 사실이 발견되고 55년이 지난 1966년, 87세가 된 라우스에게 '발암성 바이러스의 발견'이라는 연구 업적으로 노벨생리학·의학상이 수여되었다. 이 수상은 당시 최고령 수상 기록이었다. 또한 바이러스를 발견한 지 55년이나 지난 뒤에 수상한 것은 현재까지 노벨상 역사상 최장 기록이다. 라우스와 마찬가지로 바이러스로 종양을 이식할 수 있다는 사실을 발견한 후지나미는 유감스럽게도 1934년에 세상을 떴기 때문에 노벨상을 수상하지는 못했다.

바이러스에서 발견된 불가사의한 효소

라우스가 발견한 라우스 육종 바이러스가 암을 유발한다는 사실은 밝혀졌으나 어떻게 해서 암을 발생시키는지는 알 수 없었다. 그래서 하워드 M. 테민과 동료 해리 루빈은 닭의 체내에서 벌어지는 현상을 페트리 접시에서 재현해 현미경으로 관찰할 수 있다면 암이 발생하는 메커니즘을 규명할 수 있으리라고 보았다. 구체적으로 설명하자면 페트리 접시 안에서 배양한 닭의 태아세포에 라우스 육종 바이러스를 감염시킨다는 실험 방법을 생각해낸 것이다. 그리고 세포에 바이러스를 감염시킨 뒤 며칠 동안 배양을 이어나간 결과, 1958년에 일부 세포가 비정상적으로 불어나 육안으로 보일 만큼 커다란 세포 덩어리, 다시 말해 암과 같은 구조를 형성케 하는 데 성공했다.

이 실험 결과를 통해 라우스 육종 바이러스에 감염된 세포—숙주 세포—는 암세포로 바뀌어 형태가 변함을 알게 되었다. 하지만 아직 해결해야 할 문제가 남아 있었다. 라우스 육종 바이러스가 어떻게 숙주 세포를 암세포로 바꾸어놓는지, 그 구조가 밝혀지지 않았던 것이다. 제2장에서도 언급했으나 세포가 증식하는 과정에서는 핵 내부의 DNA가 RNA에 전사되고, 그 RNA가 단백질로 번역된다. 오로지한 방향으로 진행되는 이러한 일련의 과정은 세균부터 인간에게까지 공통된 기본 원리다. 따라서 1958년, 크릭은 이 기본 원리를 **센트럴 도그마**Central dogma라고 부를 것을 주장했고, 현재까지도 그렇게 불리고 있다.

바이러스가 정상적인 세포에 감염되면 정상적인 세포의 유전자에서는 모종의 변화가 일어나, 세포 증식 과정에서 이상이 발생한다고 받아들여졌다. 따라서 바이러스의 유전정보가 정상적인 세포의 유전자를 수정하면서 정상 세포가 암세포로 변하는 것이 아닐까. 바이러스에 존재하는 유전자가 염색체에 침투해 정상적인 세포의 유전자를 수정하려면 불안정한 RNA가 아니라 염색체와 동일한 물질인 DNA여야 한다. 예를 들어, 감기 등을 일으키는 아데노 바이러스는 DNA로 이루어진 바이러스라고 알려져 있었으므로 염색체 DNA 안으로 파고든 바이러스 DNA가 모종의 과정을 거쳐 세포를 암으로 바꾸어놓는 것이라 추측했다. 하지만 라우스 육종 바이러스는 RNA로 이루어진 바이러스다. 따라서 바이러스의 RNA가 어떻게 염색체 DNA에 침투하는지는 상상조차 할 수 없었고, 대부분의 연구자들은 바이러스 RNA에서 다수의 RNA가 복제되고, 복제된 RNA가 특정한 작용을 통해 숙주의 세포에서 암을 발생시킨다고 보았다.

하지만 이런 사고방식에 반대를 제기한 인물이 있었다. 바로 테민이었다. 테민은 라우스 육종 바이러스와 같은 RNA 바이러스는 자신들의 RNA를 모종의 방법을 이용해 DNA로 변환한 뒤, 변환된 DNA를 염색체에 침투시켜서 암을 일으킨다고 생각했다. 그래서 이 RNA 바이러스를 바이러스의 전신이라는 의미에서 '앞'을 의미하는 접두어인 'pro(프로)'를 붙여 프로바이러스provirus라고 불렀다. 그리고 라우스 육종 바이러스의 유전자 안에는 RNA에서 DNA를 합성하는 효소(다시 말해 단백질)의 유전자가 존재하리라고 생각했다. 다만 이 가설(프로바이러스설)은 센트럴 도그마를 부정하는 셈이기에 쉽사리 받아들여지지 못했다.

그럼에도 테민은 자신의 가설을 입증하는 데 10년이 넘는 시간을 바쳤다. 마침내 그는 실험실로 유학을 온 미즈타니 사토시와 함께 라우스 육종 바이러스의 RNA에서 DNA를 만들어내는 효소를 발견했고, 1970년 5월에 미국 휴스턴에서 개최된 국제 암 회의에서 그 사실을 발표했다. 사실 테민의 동문 중 하나인 데이비드 볼티모어 역시 라우스 육종 바이러스와는 또 다른 바이러스—라우셔 백혈병 바이러스—에 주목해 테민과 마찬가지로 RNA에서 DNA가 만들어진다는 실험 결과를 이미 손에 넣은 상태였다. 따라서 테민의 발표를 들은 볼티모어는 서둘러 자신의 연구 결과를 논문으로 정리해 영국의 유서 깊은 과학 잡지인 〈네이처Nature〉에 투고했다. 그리고 테민에게 연락해 논문을 〈네이처〉에 투고했음을 밝혔다. 볼티모어의 연락을 받고 놀란 테민은 미즈타니와 함께 논문을 정리해 〈네이처〉에 보냈다. 사실 여기에는 테민의 동료가 〈네이처〉 편집부와 연락을 취해, 테민과 볼티모어의 논문이 동시에 게재되도록 조치를 취했다는 속사정이 있다. 그리고 1970년 6월 27일호에 두 사람의 논문이 게재되었다.[7][8] 두 사람의 논문 마지막 쪽을 자세히 보면 볼티모어는 1970년 6월 2일에, 테민은 1970년 6월 15일에 논문을 〈네이처〉 편집부에 보냈다는 사실이 기재

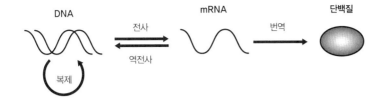

〈그림 24〉 전사와 역전사의 관계

되어 있다.

이 효소는 크릭이 주장한 센트럴 도그마와 반대되는 과정, 다시 말해 'DNA→RNA'가 아니라 'RNA→DNA'라는 반대 방향으로 전사를 진행하는 기능을 지녔기에 테민은 논문에서 이 효소를 'RNA 의존성 DNA 중합효소RNA-dependent DNA polymerase'라고 기술했다. 하지만 〈네이처〉 편집부는 센트럴 도그마의 반대 방향으로 진행된다는 점에서 **역전사효소**reverse transcriptase라는 이름을 붙이자고 테민에게 제안했다(그림 24). 그 결과 현재는 역전사효소라고 불리고 있다. 〈네이처〉 편집부는 테민에게 또 한 가지 제안을 했다. 바로 '미즈타니·테민'이라는 이름순으로 투고된 논문을 '테민·미즈타니'로 역전시키자는 제안이었다. 그리고 실제로 그렇게 되었다.[8][9] 연구자에게 논문 저자의 순서는 매우 중요하다. 실제로 손을 움직여서 실험을 한 사람의 이름이 가장 먼저, 그리고 실험 내용에 대해 책임을 지는 사람이 마지막에 오는 것이 관례로, 저자의 순서를 보면 그 논문에 대한 공헌도를 알 수 있기 때문이다. 테민이 직접 프로바이러스설이 옳음을 증명해냈다는 인상을 심어주기 위해 이름의 순서까지도 바꾸게 하는 〈네이처〉의 힘은 그저 대단하다고밖에 할 말이 없다.

테민과 볼티모어의 논문은 발표되었을 때부터 노벨상이 확실시 되었다. 실제로 발견한 지 겨우 5년 뒤인 1975년, 테민과 볼티모어는 '종양 바이러스와 유전자의 상호작용에 관한 연구'로 노벨생리학·의학 상을 수상했다. 당시 테민은 40세, 볼티모어는 37세였다. 유감스럽게도 실제로 시험을 진행한 미즈타니 사토시는 노벨상 수상 후보에서 제외 되었고, 그 대신 테민과 볼티모어의 스승이자 암 바이러스 연구의 기 틀을 쌓은 레나토 둘베코가 노벨상을 수상했다. 테민은 암을 연구하 는 학자로서의 책임감에 1970년대에는 미국 의회에서 담배의 폐해에 대해 증언하거나 폐암 방지를 위한 금연 운동에 힘을 쏟았다. 하지만 신의 장난일까, 테민 자신은 담배를 입에 대지도 않았으나 1994년에 59세라는 젊은 나이에 폐암으로 타계했다.

참고로 노벨상 심사에서 실제로 실험을 진행한 대학원생이나 포 스트 닥터(박사 학위 취득 이후 임기가 정해진 연구직을 수행하는 연구자)가 수 상하는 일은 거의 없다. 앞서 말한 미즈타니 사토시의 경우와 마찬가 지로 iPS 세포를 만들어내 2012년 노벨생리학·의학상을 수상한 야마 나카 신야의 실험을 실제로 진행한 다카하시 가즈토시 역시 노벨상 을 수상하지는 못했다.[10]

RNA 바이러스가 일으키는 질병

라우스 육종 바이러스나 라우셔 백혈병 바이러스처럼 동물에게 암을 유발하는 RNA 바이러스는 역전사효소를 지녔다. 그래서 라틴어로 '거꾸로' 혹은 '돌아간다'는 의미인 'retro'에서 유래한 **레트로바이러스**retrovirus라는 이름이 붙었다. 참고로 인간에게 감염되는 레트로바이러스로는 감기와 유사한 증상을 일으킨 뒤 5~10년 동안 아무런 증상이 없다가 다양한 감염증에 걸리게 되는 **후천성 면역결핍 증후군** acquired immune deficiency syndrome, AIDS의 원인 바이러스인 **인간 면역결핍 바이러스**human immunodeficiency virus, HIV나, **성인 T 세포 백혈병**을 일으키는 **인간 T 세포 백혈병 바이러스**human T-cell lymphotrophic virus, HTLV 등이 있다. 이들 레트로바이러스는 세포에 감염되면 세포 안의 단백질 생산 공장을 점령해 자신의 바이러스를 만들게 하는 대신, 역전사효소를 이용해 감염된 세포의 유전정보를 자신에게 유리한 유전정보로 조금씩, 천천히 바꾸어나가며 레트로바이러스 자신이 효율적으로 증식할 수 있게 만든다. 반면 인플루엔자 바이러스처럼 역전사효소를 지니지 않은 바이러스는 감염된 세포의 핵에 자신의 유전자를 집어넣어서 세포의 단백질 생산 공장을 억지로 점령해 잽싸게 바이러스를 증식시킨다. 따라서 면역 세포에 곧바로 발각당해 제거되고 만다.

바이러스는 암 유전자를 지니고 있다

역전사효소를 지닌 라우스 육종 바이러스는 자신의 RNA를 DNA로 변환해 감염된 세포의 염색체 DNA에 침투한다는 사실을 알게 되었다. 하지만 라우스 육종 바이러스가 어떠한 유전정보를 지니고 있는지에 대해서는 밝혀지지 않았다. 그래서 J. 마이클 비숍과 해럴드 바머스의 연구팀은 바이러스가 지닌 역전사효소를 교묘하게 역이용해, 라우스 육종 바이러스가 지닌 유전자를 모두 해독해서 암을 유발하는 유전자—**암유전자**—를 찾아내는 데 성공했다. 결국 라우스 육종 바이러스에는 역전사효소를 만들어내는 유전자 1개와 바이러스 입자를 만들어내는 2개의 유전자, 그리고 육종을 발생시키는 1개의 유전자까지 모두 4개의 유전자밖에 없었던 것이다(!). 그리고 암, 다시 말해 육종을 발생시키는 유전자에는 육종sarcoma에서 유래한 src라는 이름이 붙었다.

프랑스에서 비숍과 바머스의 연구팀에 참가한 포스트 닥터 도미니크 스텔란은 정상적인 세포에도 src 유전자가 존재할지도 모른다고 생각했다. 실험 결과, 실제로 정상적인 닭의 세포 속 DNA에도 src 유전자와 유사한 배열이 있었다. 또한 꿩, 원숭이, 소, 쥐, 선충 등 다양한 생물에게도 src 유전자는 존재했다. src 유전자는 바이러스와 정상적인 세포 모두에 존재하므로 바이러스viral에서 유래한 src 유전자는 v-src 유전자, 정상 세포cellular에서 유래한 유전자는 c-src 유전자라고 부르게 되었다.

애당초 src 유전자는 어디서 나타난 것일까? 하나후사 히데사부로는 src 유전자가 빠진 라우스 육종 바이러스를 닭에게 주사하자 발생할 리 없는 암이 발생하는 현상을 발견했다. 하나후사는 암세포에서 바이러스를 회수해 유전자를 분석했고, 그 결과 바이러스가 닭의세포 속에 src 유전자를 품고 있다는 사실을 알아냈다. 다시 말해 먼저 세포 속 암유전자가 존재하며, 바이러스가 그 유전자를 받아들인결과 암이 생기게 된다는 사실이 드러난 것이다. 그리하여 비숍은 정상적인 세포에 존재하는 암유전자를 암유전자의 원형, 즉 **원발암유전자**proto-oncogene라 부를 것을 제안했다. 그리고 1989년, 비숍과 바머스는 레트로바이러스의 암유전자는 숙주 세포가 기원임을 발견해 노벨생리학·의학상을 수상했다.

인간에게는 암유전자가 존재하는가?

비숍과 바머스가 발견한 v-src 유전자의 존재는 암 연구자들에게 큰충격을 주었다. 하지만 라우스 육종 바이러스는 닭에게 암을 일으키지만 인간에게는 암을 일으키지 않는다. 따라서 인간은 닭과 전혀 다른 구조로 암이 발생할지도 모른다, 그렇게 받아들여지고 있었다. 당시는 인간에게 암을 유발하는 레트로바이러스가 발견되기 전이라는 사실 또한 그처럼 생각하게 한 큰 원인이었다.

그리하여 1980년대, 인간의 암 조직에서 직접 암유전자를 발견하려는 연구가 미국의 몇몇 연구실에서 진행되기 시작했다. 2003년에 인간 게놈의 모든 염기배열이 결정된 덕분에 현재는 간단히 인간의 암유전자를 확인할 수 있다. 하지만 당시는 염기배열을 지금처럼 간단히 해석할 수 없었다. 이러한 와중에서도 로버트 A. 와인버그, 마이클 위글러, 마리아노 발바시드의 연구팀이 각자 개별적으로 방광암의 종양세포주*에서 인간의 암유전자를 발견했고, 1982년부터 4월부터 7월에 걸쳐 〈네이처〉에 발표했다.[11][12][13] 이후, 인간의 암세포에서 100종류 이상의 암유전자가 발견되었다.

 세포의 기본 강의 ① 인산화와 정보 전달

원발암유전자는 우리의 세포 안에서 무슨 일을 하고 있을까? 원발암유전자가 암을 만들어내기 위한 유전자로서 우리의 세포 안에 존재하고 있다면 우리는 암세포로 변모할 시한폭탄을 품은 채 살아가는 셈이다. 그렇다면 생물은 자신의 몸 안에 시한폭탄이나 마찬가지인 세포를 심어둔다는 말인가? 연구자들은 원발암유전자의 기능에 대한 연구를 시작했다.

---

* 세포주란 배양을 통해 계속해서 분열·증식할 수 있는 세포의 집합을 뜻한다.

세포가 살아가려면 세포 외부에서 다양한 정보를 받아들이고, 세포 내부에 그 정보를 전달해 적절히 처리해야 한다. 세포 사이에서의 정보 전달에 이용되는 호르몬이나 신경전달물질은 **1차 전달자**라고 부른다. 이 1차 전달자와 세포막상의 수용체와의 결합을 계기로 세포 내부에서 새로이 합성되어 세포 외부의 정보를 세포 내부로 전달하는 분자를 **2차 전달자**라고 부른다. 2차 전달자로는 칼슘 이온이나 사이클릭 AMP와 같은 비교적 분자량이 적은 물질을 이용한다. 또한 단백질을 **인산화**하는 구조도 이용된다.

단백질의 인산화란 단백질을 구성하는 아미노산 중에서도 세린 serine, 트레오닌threonine, 티로신tyrosine이라는 3종류의 아미노산에 인산이 결합되는 현상을 가리킨다. 반대로 이들 아미노산에서 인산이 제거되는 현상을 **탈인산화**라고 한다. 그리고 세포의 에너지 화폐인 아데노신에 3분자의 인산이 결합된 **아데노신 3인산**adenosine triphosphate, ATP의 인산 1개를 아미노산에 붙이는 단백질을 **프로틴키**

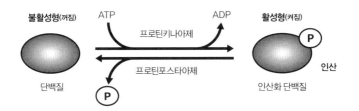

〈그림 25〉 단백질의 인산화와 탈인산화

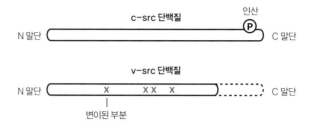

〈그림 26〉 c-src와 v-src의 차이

나아제(단백질 인산화효소), 아미노산에서 인산을 제거하는 단백질을 **프로틴포스파타아제**(단백질 탈인산화효소)라고 부른다. 단백질의 인산화와 탈인산화는 단백질의 기능을 켜고(활성화) 끄는(불활성화) 스위치나 마찬가지다(그림 25).

　다시 src 유전자에 관한 이야기로 돌아가자. 라우스 육종 바이러스의 v-src 유전자에서 만들어지는 단백질은 정상적인 세포가 지닌 c-src 유전자에서 만들어지는 단백질에 비해 단백질의 말단(카복시 말단carboxyl terminal 혹은 C 말단이라 부른다)이 다르며, 심지어 단백질의 몇몇 부분에서는 돌연변이가 존재한다는 사실이 드러났다. 그리고 c-src 유전자에서 생성되는 단백질은 단백질 속의 티로신에 인산을 부가하는 효소, 다시 말해 인산화효소(티로신을 인산화하기 때문에 **티로신 인산화효소**라고 불린다)가 있다는 사실이 밝혀졌다.

　c-src는 통상적으로 단백질의 선두(아미노 말단amino terminal 혹은 N 말단이라고 부른다)에서 527번째 티로신(아미노산의 1문자 약어에서 티로신

160

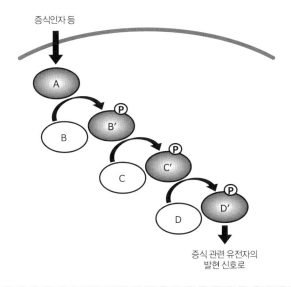

증식인자 등

증식 관련 유전자의
발현 신호로

〈그림 27〉 시그널 캐스케이드

은 Y로 표기하기 때문에 Y527이라고 부른다)이 다른 티로신 인산화효소에 의해 인산화된다. 그림 25에 나타난 경우에서는 단백질이 인산화되면서 스위치가 켜지지만 c-src는 스위치가 꺼진 불활성화 상태로 존재하다 Y527이 탈인산화되면 활성화된다. 하지만 v-src에는 Y527이 존재하지 않기 때문에 항상 활성화된 상태를 이루고 있다. 따라서 세포의 증식을 제어하지 못해 계속해서 늘어난다는 사실이 밝혀졌다(그림 26).

한편 인간의 암에서 발견된 Ras 유전자에서 형성되는 단백질은 src 단백질과 같은 인산화효소가 아니었다. Ras는 **구아노신 3인산** guanosine triphosphate, GTP이라는 분자를 통해서 기능이 조절되고 있었던 것이다. Ras는 인산이 3개 결합된 GTP와 결합하느냐, 인산이 2개 결합된 구아노신 2인산^{guanosine diphosphate, GDP}과 결합하느냐에 따라 그 기능이 켜지고 꺼진다. 예를 들어, 세포를 증식시키기 위한 물질—**증식인자**—이 세포 외부에서 늘어나면 세포는 증식인자를 세포 표면에 있는 증식인자 수용체를 통해 받아들인다. 그리고 그 수용체가 활성화되면 Ras를 활성화시킨다. 활성화된 Ras는 다른 단백질을 인산화한다. 이어서 인산화된 다른 단백질은 또 다른 단백질을 인산화한다. 이처럼 차례대로 단백질이 인산화되고 활성화되어가는 일련의 과정은 폭포의 흐름과 닮았다 해서 **시그널 캐스케이드**^{Signal Cascade}라고 불린다(그림 27).

그리고 암세포와 정상 세포가 지닌 Ras 유전자를 비교한 결과, 딱 한 부분의 아미노산이 달랐다는 사실이 드러났다. 정상적인 세

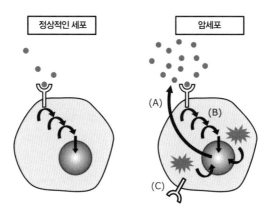

〈**그림 28**〉 정상적인 세포와 암세포의 차이

포는 12번째 아미노산이 글리신^{glycine}인 반면, 암세포는 발린^{valine}으로 바뀌어 있었던 것이다. 그리고 12번째 아미노산이 발린으로 변하면서 Ras는 항시 활성화된 상태를 이루게 된다는 사실이 밝혀졌다. 이러한 연구를 통해 원발암유전자는 세포가 증식하는 데 필요한 세포 내부의 정보 전달을 조절하고 있음을 알게 되었다. 그리고 원발암유전자가 돌연변이를 일으키면 신호 전달에 이상이 생기고, 암이 발생하는 것이다(그림 28).

정상적인 세포에서는 세포 외부의 증식인자를 받아들이면 세포 내부로 올바른 정보가 전달되어 증식이 진행된다. 하지만 암세포의 경우는 암세포 자신이 증식인자를 잔뜩 만들어내 스스로에게 작용시키거나(A), Ras 유전자와 같은 원발암유전자에 돌연변이가 개입하면서 증식인자의 정보가 세포 내부에 과다하게 전달되거나(B), 증식인자를 받아들이지 않았음에도 불구하고 멋대로 세포 내부에 정보가 전달되면서(C) 세포가 무한히 증식하게 된다.

백혈병과 분자표적약

암은 크게 3가지로 분류된다. 체내 기관의 표면 등을 덮고 있는 세포를 **상피세포**라고 부르는데, 이 상피세포에서 발생하는 암을 상피성

종양이라 부른다. 대표적으로 폐암, 유방암 등이 있다. 한편 뼈나 근육 등 상피가 아닌 세포에서 발생하는 암을 **육종**이라 부른다. 대표적으로는 골육종, 혈관육종 등이 있다. 그리고 혈액을 만드는 장기인 골수나 림프절을 조혈기관이라 부른다. 골수란 뼈 내부의 부드러운 스펀지형 조직으로, 적혈구, 백혈구, 혈소판의 기본이 되는 조혈모세포가 존재한다. 이 조혈기관에서 발생하는 암으로는 **백혈병**이나 **골수종** 등이 있다.

조혈모세포에 어떠한 이상이 발생하면 암세포로 변한 혈액세포가 골수 안에서 비정상적으로 증식해 골수를 점거하고 만다. 그러면 정상적인 혈액세포의 수가 감소하기 때문에 빈혈, 출혈을 자주 일으키거나 면역기능이 저하되는 등의 증상이 발생한다. 백혈병은 암세포의 유형과 질병의 진행, 증상에 따라 **급성 골수성 백혈병, 급성 림프구성 백혈병, 만성 골수성 백혈병, 만성 림프구성 백혈병**, 이렇게 4가지로 나뉜다.

1960년, 피터 노웰과 데이비드 헝어퍼드는 만성 골수성 백혈병 환자 중 90% 이상에게서 암으로 변한 세포에 비정상적인 형태의 미세한 염색체가 존재한다는 사실을 발견했다.[14] 이 염색체는 발견된 도시의 이름을 따서 **필라델피아 염색체**Philadelphia chromosome라 불리게 되었다. 당초 염색체가 극히 작았던 이유는 염색체가 찢어졌기 때문이라고 여겼다. 이후 자넷 D. 로울리가 9번 염색체의 일부가 22번 염색체로 바뀌고, 22번 염색체의 일부가 9번 염색체로 바뀌는 상호전좌

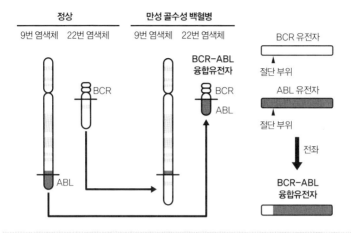

정상 | 만성 골수성 백혈병

9번 염색체　22번 염색체　　9번 염색체　22번 염색체

BCR-ABL
융합유전자

BCR
ABL

BCR 유전자

절단 부위

ABL 유전자

절단 부위

전좌

BCR-ABL
융합유전자

〈그림 29〉 필라델피아 염색체와 BCR-ABL 유전자

reciprocal translocation가 발생했기 때문이라는 사실을 알아냈다.[15] 이는 마침 9번과 22번 염색체가 절단되기 쉽기 때문에 발생하는 현상이다.

　9번 염색체에서 22번 염색체로 이동한 것은, 쥐에게 백혈병을 유발하는 암유전자 ABL이었다. 이 ABL 유전자에서 생성되는 ABL 단백질은 혈구세포의 증식이나 분화에 중요한 기능을 하는 티로신 인산화효소다. ABL 유전자는 22번 염색체의 BCR 유전자의 바로 뒤쪽에 끼어들어 새로운 BCR-ABL 유전자로 변모한다. 이 BCR-ABL 유전자에서 생성되는 BCR-ABL 단백질은 ABL의 티로신 인산화효소의 스위치 부분이 BCR로 교체된 탓에 티로신 인산화효소가 항시 활성화된 상태로 변해 있었다(그림 29). 그러므로 백혈구가 비정상적으로 증식하게 된다. 따라서 BCR-ABL 단백질의 기능을 막는 약을 만들 수 있다면 만성 골수성 백혈병은 치료할 수 있다.

브라이언 J. 드러커는 이 BCR-ABL 단백질이 티로신 인산화효소로서 기능하지 못하게 억제하는 약을 개발하는 데 나섰고, 실제로 그와 같은 약을 발견했다. 드러커가 발견한 이매티닙(상품명 글리벡®)이라 불리는 약은 BCR-ABL 단백질과 결합해 티로신 인산화효소로서 기능하지 못하게 방해한다. 따라서 만성 골수성 백혈병을 일으키는 백혈병 세포의 증식을 억제할 수 있으므로 만성 골수성 백혈병의 특효약으로 현재 널리 쓰이고 있다.

암세포에서 이상을 일으킨 특정 분자만을 집중적으로 공격해서 그 기능을 억제해 암을 치료하는 약을 **분자표적약**이라고 한다. 하지만 이 분자표적약으로 만성 골수성 백혈병을 완전히 박멸할 수는 없다. 만성 골수성 백혈병뿐만 아니라 모든 암세포는 끊임없이 유전자 돌연변이를 일으키며 '진화'하기 때문이다. 그 때문에 드러커는 현재 진화한 만성 골수성 백혈병에 대한 약제 개발에 몰두하고 있다. 2012년, '암세포 특이적 분자를 표적으로 한 새로운 치료약의 개발'로 드러커는 제28회 일본국제상을 수상했다. 장래에는 노벨생리학·의학상을 수상하게 될지도 모르는 일이다.

암을 억제하는 유전자는 존재하는가?

망막은 눈 안쪽에 깔려 있는 얇은 막 형태의 조직이다. 안구를 카메라에 빗댄다면 망막은 필름의 역할을 수행한다. 이러한 망막에 발생하는 악성종양을 **망막모세포종**이라 하는데, 영유아에게서 많이 찾아볼 수 있는 질병이다. 사망까지 이어지는 경우는 적으며 일찍 치료한다면 나을 수 있지만 치료를 하기 위해 시력을 희생해야 한다. 이러한 망막모세포종에는 유전성과 산발성이 있는데, 유전성은 상염색체 우성(현성) 유전(→98쪽 '유전의 기본 강의①')으로 유전된다.

알프레드 G. 크누드손은 유전성과 산발성 망막모세포종이 발생하는 월령을 비교했다. 그리고 유전성은 태어난 월령에 따라 환자의 수가 직선적으로 증가하는 반면, 산발성은 약 24개월까지는 발병하지 않다가 그 이후 급격하게 증가한다는 사실을 1971년에 발견했다.[16] 이러한 결과를 통해 망막모세포종이 발생하려면 (1) 한 쌍의 유전자 모두에 돌연변이가 생겨야 하는데, (2) 유전성의 경우는 어느 한쪽 부모에게서 이미 돌연변이가 발생한 유전자를 물려받았기 때문에 한쪽 유전자에만 돌연변이가 생기더라도 암이 발생하므로 발병률이 높으며, (3) 산발성의 경우는 양쪽 유전자에 돌연변이가 생겨야만 암이 발생한다는 '2히트 가설'을 주장했다. 다시 말해 쌍을 이루는 두 유전자 모두가 돌연변이를 일으켜야 암이 발생한다고 본 것이다.

이후 망막모세포종 환자의 세포에서는 13번 염색체의 긴 팔(장완)이 일부 사라져 있다는 사실이 밝혀졌다.[17] 그래서 크누드손은 사라진 유전자 때문에 암이 발생한다면 그 소실된 유전자가 암을 억제하는 유전자이리라고 생각했고, 그와 같은 유전자를 '안티 암유전자 anti-oncogene'라 부르자고 주장했다. 하지만 이는 암유전자에 대항하는 유전자라는 오해를 불러일으키기 때문에 현재는 '**암억제유전자**tumor suppressor gene'라고 불린다. 참고로 크누드손은 2004년에 '인간의 발암 기구에서 암억제유전자 이론을 확립한 선구적 업적'으로 교토상을 수상했다.

이렇게 망막모세포종의 원인 유전자가 13번 염색체의 긴 팔의 일부에 있다는 사실이 밝혀졌다. 그리고 그 유전자에는 망막모세포종 retinoblastoma의 머리글자를 따서 Rb 유전자라는 이름이 붙여졌다. 테디우스 P. 드리자는 스테판 H. 프렌드와 공동으로 Rb 유전자의 실체를 찾아 나섰고, 1986년 여름, 마침내 Rb 유전자를 손에 넣었다.[18]

프레데릭 P. 리와 조셉 F. 프라우메니는 뇌종양, 유방암, 육종, 부신피질종양, 백혈병 등 다양한 암이 빈번히 발생하는 가계가 있음을 발견해 1969년에 보고했다. 여기에는 발견자의 이름에서 딴 리 프라우메니 증후군Li-Fraumeni syndrome이라는 이름이 붙여졌다. 리 프라우메니 증후군은 매우 희귀한 질환이다.

어째서 리 프라우메니 증후군에서는 암이 다발하는 것일까? 프렌드는 인간의 암세포에서는 p53 유전자에 많은 돌연변이가 발견되므로 리 프라우메니 증후군 역시 p53 유전자에 돌연변이가 있으리라고 추측했다. 그리하여 프렌드는 리 프라우메니 증후군 환자의 암세포에서 p53 유전자를 추출해 염기배열을 조사했고, 그 결과 예상대로 돌연변이가 발견되었다. 같은 환자들의 정상적인 세포에서도 p53 유전자를 추출해서 염기배열을 조사해보니 여기에서도 돌연변이를 발견할 수 있었다. 이러한 결과를 통해 리 프라우메니 증후군 환자들은 본래 p53 유전자에 돌연변이를 지녔기 때문에 다양한 장기에서 암이 발생한다는 사실이 밝혀졌다. p53 유전자에 돌연변이가 생기면 암이 발생한다, 이는 다시 말해 p53 유전자가 암을 억제하는 유전자일 가능성이 있다는 뜻이다.

 세포의 기본 강의 ② DNA와 세포주기

이러한 Rb 유전자나 p53 유전자는 우리의 체세포 안에서 어떠한 기능을 하고 있을까?

우리의 몸은 약 37조 개의 세포로 이루어져 있다.[19] 무척 많은 세포로 이루어진 셈이지만 그 시작은 난자와 정자의 수정으로 형성된 1개의 수정란이다. 이 수정란이 1개→2개→4개→8개로 분열을 반복하다 최종적으로 37조 개 이상의 세포가 만들어진다. 그리고 세포가 37조 개가 되면 증식을 멈추고 세포의 수를 유지하게 된다. 다시 말해 우리 인간의 몸에는 세포의 수를 37조 개로 꾸준히 유지해주는 정교한 장치가 있다는 뜻이다. 이 정교한 장치에 문제가 발생하면 정상적인 세포가 무한대로 증식하는, 다시 말해 세포가 암으로 변해버리는 상태가 된다. 예를 들어, 실수로 식칼에 손가락을 베여 상처가 났다고 가정해보자. 그러면 베인 상처 부위의 피부를 잃게 된다. 하지만 시간이 지남에 따라 상처를 입은 피부가 재생되면서 원래대로 돌아간다. 결코 재생된 피부가 비정상적으로 솟아나 본래의 손가락과는 다른 무언가로 변하지 않는다.

세포가 증식할 때는 DNA나 세포 안에 있는 다양한 구성 성분을 2배로 늘린 뒤, 그것을 2개의 세포에 균등하게 분배하는 과정을 되풀이한다. 이 주기를 **세포주기**라고 부른다.

다만 세포주기는 단순히 DNA를 복제한 뒤 세포를 분열시키는 것이 전부는 아니다. 실제로는 세포 안에서 벌어지는 현상에 따라 크게 4가지로 나눌 수 있다. 우선 세포의 DNA를 복제하는 시기[S^{synthesis}**기**], 복제된 DNA를 2개의 세포에 균등하게 분배하는 세포분열기[M^{mitosis}**기**]가 있다. S기 전에는 DNA를 합성하는 데 필요한 단백질을 준비하는 시기[G$_1$^{gap1}**기**], 그리고 S기 다음에는 세포분열에 필요한 단백질 등을 준비하는 시기[G$_2$^{gap2}**기**]가 있다. 정리하자면 세포주기는 G$_1$→S→G$_2$→M→G$_1$→S······와 같이 반복되는 셈이다(그림 30).

이 세포주기는 단순히 돌고 돌아 반복되는 데서 그치지 않고, G$_1$기에서 S기, S기에서 G$_2$기와 같이 다른 기로 이동할 때마다 세포주기가 바르게 진행되고 있는지, 혹은 다음 기로 진행해도 문제가 없

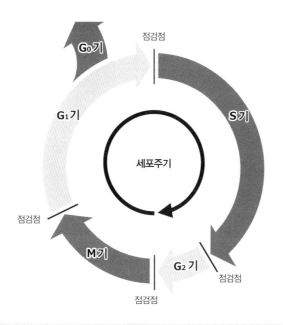

세포주기

G₀기
점검점
G₁기
S기
점검점
M기
G₂ 기
점검점
점검점

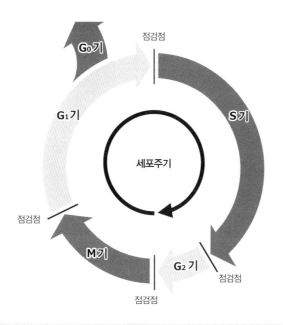

〈그림 30〉 세포주기

을지 확인하는 **점검점**이 존재한다. 그리고 점검점에서 이상이 발견
된다면 그 시점에서 세포주기는 잠시 정지된다. 예를 들어, G_1기에
서 S기로 이동하기 위한 점검점에서는 DNA에 손상이 없는지를 체
크하는데, 만약 DNA에 손상이 발견된다면 세포주기가 잠시 정지
된다. 그리고 우선 손상된 DNA를 복구하려 시도한다. 복구에 성공
한다면 세포주기를 다시 진행시켜 S기로 이동하지만 복구에 실패
한다면 **세포자살**(아폽토시스)(→자세한 내용은 177쪽 '세포의 기본 강의 ③'
에서)을 일으켜 그 세포를 제거한다.

　오리엔티어링이라는 스포츠를 알고 있는가? 출발할 때 지정한 순서에 따라 지도와 나침반을 이용해 야산에 설치된 체크포인트를 통과하면서 목표 지점에 도달하기까지 걸리는 시간을 겨루는 스포츠다. 체크포인트를 바르게 통과하지 못한다면 실격당하고 만다. 따라서 실수로 체크포인트를 잘못 통과하지는 않았는지 끊임없이 확인하며 목표 지점으로 향한다. 이런 모습이 세포주기와 무척 흡사하다.

세포주기는 **사이클린**과 **사이클린 의존성 인산화효소**cyclin dependent kinase, CDK라 불리는 단백질(사이클린-CDK 복합체)이 조절한다. 따라서 이 복합체는 **세포주기 엔진**이라고도 불린다. 그런데 p53 유전자는 DNA의 염기나 구조에 손상이 생기면 활성화되어 세포주기 엔진의 기능을 억제하는 p21 단백질을 생성해 세포주기를 일시 정지시킨다. 그 사이에 세포는 손상된 DNA를 복구하려 한다. DNA를 복구하는 데 성공한다면 p53 단백질은 불활성화되고, p21 단백질 역시 분해되어 세포주기는 다음 단계로 진행된다. 한편 Rb 유전자는 세포가 증식하지 않아도 될 때는 S기로 진행하는 데 필요한 유전자가 기능하지 않게끔 억제하고 있지만, 세포가 증식을 시작해 CDK가 활성화되면 Rb가 인산화해 S기가 진행된다.

이처럼 Rb 유전자나 p53 유전자는 세포주기가 다음 단계로 진행될 수 없게 억제하는 역할을 맡는다. 다시 말해 Rb 유전자나 p53 유전자에 돌연변이가 발생하면 DNA가 손상되었다 하더라도 점검점에서 바르게 복구되지 않은 상태 그대로 세포주기가 진행되어서

DNA에 손상을 남긴 채 세포가 분열되고 만다는 뜻이다.

참고로 담배에 포함된 벤조피렌^{benzopyrene}이라는 물질은 p53 유전자에 돌연변이를 유발해 폐암을 일으킨다. 또한 땅콩에 생긴 곰팡이가 생산하는 아플라톡신^{aflatoxin}이라는 물질은 p53 유전자의 249번째 염기에 변이를 일으켜 간암을 일으킨다. 따라서 담배를 피우거나, 곰팡이가 생긴 음식을 섭취하는 것은 삼가는 편이 좋다.

다단계 발암

세포주기의 점검점이 바르게 기능한다면 세포는 암으로 변모하지 않는다. 바꾸어 말하자면 점검점에 문제가 생기면 암이 발생한다는 뜻이다. 하지만 점검점은 하나만 있는 것이 아니다. 이후 자세히 설명할 세포자살(아폽토시스)이라는 기구도 있다. 그럼에도 어째서 세포는 암으로 변하는 것일까? 현재는 자외선을 쬐거나 화학물질에 노출되면서 하나의 유전자뿐 아니라 복수의 유전자에 손상이 발생하고, 그 손상된 유전자가 오랫동안 서서히 축적되어 어느 한 시점에서 암세포로 변하기 때문이라고 여긴다. 이처럼 정상적인 세포에서 암세포로 변하는 과정은 여러 유전자의 이상이 축적되어 단계적으로 진행된다 해서 **다단계 발암**이라 부른다(그림 31).

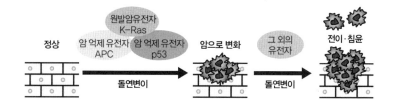

가족성 대장선종증이란 대장에 생겨난 100개 이상의 폴립* 이 40세 무렵에 접어들 때까지 암으로 변하는 유전성 상염색체 우성(현성) 유전질환이다. 1991년, 나카무라 유스케와 버트 포겔슈타인은 5번 염색체상의 암 억제 유전자 APC^adenomatous polyposis coli에 돌연변이가 발생해 가족성 대장선종증을 일으킨다는 사실을 발견했다.[20]

대장암 환자 중 80% 이상에서 APC 유전자에 돌연변이가 발견된다. 이 APC 유전자에 돌연변이가 발생하면 대장의 점막세포가 비정상적으로 증식해 양성 선종(폴립)이 생겨난다. 그리고 원발암유전자인 K-Ras 유전자에 돌연변이가 더해지면 양성 선종은 한층 커진다. 여기에 p53 유전자에까지 돌연변이가 발생하면 세포가 암으로 변한다. 이후 다른 유전자에도 돌연변이가 발생하면 암세포가 다른 조직으로 전이를 일으키는 것으로 여기고 있다. 물론 모든 대장암에서 이와 같은 유전자 돌연변이가 발생하지는 않으나, 유전자의 돌연변이가 축적

---

* 피부 혹은 점막에서 증식해 혹처럼 돌출된 융기.

174

되면서 세포가 암으로 변하고, 돌연변이를 일으킨 유전자의 수가 많으면 많을수록 암의 악성도惡性度 역시 높아지게 된다.

유전자의 후성유전학적 변화와 암

지금까지 암은 유전자의 돌연변이가 축적되면서 발생한다고 언급했다. 최근의 연구에서는 유전자의 돌연변이, 다시 말해 유전학적(제네틱) 돌연변이 외에도 담배나 약 때문에 발생하는 후성유전학적(에피제네틱) 변화(→122쪽을 복습)에 따라서도 암이 발생한다는 사실이 밝혀지기 시작했다. 구체적으로 말하자면 DNA의 시토신에 메틸기가 결합하는 메틸화나 DNA를 감고 있는 단백질인 히스톤에 아세틸기가 결합하는 히스톤 수식에도 변화가 발생한다는 사실이 드러난 것이다.

앞서 피비게르의 '기생충 발암설'은 부정당했다고 언급한 바 있다(→147쪽). 하지만 최근의 연구를 통해 기생충 때문에 암이 발생할 가능성도 보고되고 있다. 예를 들어, 만성 위염이나 위궤양, 십이지장궤양을 일으키는 세균인 헬리코박터 파일로리Helicobacter pylori는 위암을 유발할 가능성이 있다. 기생충의 일종인 간디스토마에 오염된 민물고기나 갑각류 등을 먹으면 간디스토마가 담관암을 유발할 가능성도 있다. 기생충이 일상적으로 세포에 피해를 입힌 결과, 세포의 후성유전학적 정보가 변할 가능성이 있다는 뜻이다. 또한 세포분열이 왕성하게 이루어지게 되므로 유전자가 손상을 입을 기회도 늘어나게 된다. 이처럼 후성유전학적, 그리고 유전학적 변화가 축적되면서 암이 발생하는 것으로 보인다. 결국 피비게르의 연구 결과 자체는 틀렸을지 모르나, 현재는 '기생충 발암설' 자체는 옳을지도 모른다고 받아들이기 시작했다.

인간에게 암을 발생시키는 바이러스

1973년에 다카쓰키 기요시는 지금껏 알려지지 않았던 T 림프구 백혈병을 발견했다. 그리고 이 백혈병은 규슈 출신자, 그리고 40~60대에서 자주 발견되는 새로운 백혈병으로서 1977년에 **성인 T 세포 백혈병**이라는 이름으로 보고되었다. 이후 1980년에 히누마 요리오가 **인간 T 세포 백혈병 바이러스**HTLV(→155쪽)를 발견했다.[21] 다시 말해 인간에게서도 바이러스 때문에 암이 발생한다는 사실이 드러난 것이다.

현재는 HTLV 외에도 인간에게 암을 일으키는 바이러스로 악성 림프종이나 위암, 상인두암, 평활근육종 등을 일으키는 엡스타인 바바이러스Epstein-Barr virus, EBV, 간암을 일으키는 B형·C형 간염 바이러스, 그리고 자궁경부암을 일으키는 **인유두종 바이러스**human papilloma virus, HPV 4종류가 알려져 있다. 하지만 이 바이러스에 감염되었다 해서 반드시 암이 발생한다는 말은 아니다.

HPV는 1976년에 하랄트 추어 하우젠이 발견했다. 현재는 100종이 넘는 HPV의 유형이 존재한다는 사실이 밝혀졌으며, 개중에는 얼굴 등에 사마귀를 일으키는 유형도 있다. 그중에서도 16형과 18형은 **자궁경부암**을 유발한다는 사실이 드러났다. HPV가 생성해내는 단백질(E6이나 E7이라고 불린다)은 p53이나 Rb와 같은 암 억제 유전자에서 생산되는 단백질과 결합해 이들의 작용을 방해하기 때문에 자궁경부암이 발생하게 된다. 현재는 성교를 통해 남성의 구강이나 인두에 HPV가 감염되었을 경우에도 자궁경부암과 마찬가지로 암이 발생할 확률이 높다고 알려져 있다. 실제로 목 위쪽에서 생기는 암(두경부라고 한다)의 약 70%는 HPV 감염과 관련이 있다. 따라서 오스트레일리아나 미국 같은 나라는 여성뿐 아니라 남성에게도 HPV 백신 접종을 추천하고 있다. 하지만 백신은 이미 HPV에 감염된 세포에서 HPV를 제거하지는 못한다. 그렇기 때문에 성교를 경험하기 전에 접종할 필요가 있다.

세포의 기본 강의 ③ 세포자살과 괴사

화상이나 동상, 혹은 상처 등으로 피부 세포가 손상되어 죽거나, 심근경색으로 심장에 혈액을 운반하는 관상동맥이 막혀 혈액이 흐르지 못하게 되어 영양분이나 산소를 공급받지 못해 심근세포가 죽게 되는, 이러한 상태를 괴사(네크로시스necrosis)라고 한다. 다시 말

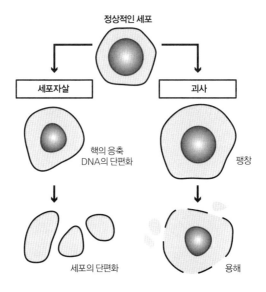

정상적인 세포

세포자살

괴사

핵의 응축
DNA의 단편화

팽창

세포의 단편화

용해

<그림 32> 세포자살과 괴사

해 괴사란 외부적 요인에 따라 세포가 죽는 현상이다. 괴사한 세포
는 세포의 내용물을 주변으로 방출하며 죽는다. 세포 안에는 다양
한 분해효소가 있기 때문에 자신만 죽을 뿐 아니라 주변 세포에게
까지 상처를 입힌다. 따라서 괴사한 세포 주변에서는 염증이 발생
한다. 예를 들어, 발이 까졌을 때 상처 주변이 따가운 이유는 상처
가 난 부위의 세포가 괴사를 일으킨 결과 주변에 염증을 유발했기
때문이다.

태아가 어머니의 배 속에 있는 동안 손가락 사이에 있던 물갈퀴
는 성장함에 따라 사라진다. 또한 여성이 월경할 때는 자궁 안쪽의

내막세포에서 증식인자인 여성 호르몬(에스트로겐estrogen)의 농도가 성주기에 따라 저하되면 내막세포가 죽어 자궁에서 벗겨진다. 그리고 수유 중에 모유를 생산하는 유선세포는 호르몬의 작용에 따라 분열하고 증식하지만 수유기가 끝나 아기가 젖을 떼게 되면 호르몬 농도가 낮아져 유선세포가 죽으면서 유방은 본래의 크기로 돌아간다. 이처럼 역할을 마친 세포가 미리 예정되었던 것처럼 조용히 소실되는 현상을 **세포자살**(아폽토시스apoptosis)이라고 부른다. 이 세포자살은 세포자살을 일으키게 하는 정보(사이토카인)가 세포 외부에서 수용체를 통해 전달되었거나, 바이러스에 감염되었거나, DNA에 수복하기 어려운 손상이 생겼을 때 발생한다(그림 32).

세포자살은 괴사와 같이 세포의 내용물을 그대로 주변에 방출하지 않고, 대식세포와 같은 탐식세포가 바로 탐식하기 쉽게끔 세포를 응축해 단편화시킨다. 따라서 염증을 일으키지 않는다. 예를 들어, 아이가 젖을 떼면서 모유를 생산할 필요가 없어져 유선세포가 죽어갈 때마다 염증반응이 일어났다간 어머니의 젖가슴에서는 그야말로 무시무시한 일이 벌어지고 말 것이다. 물론 실제로 그런 일이 발생하지는 않는다.

···

인터넷에서 검색해보면 하루에 발생하는 암세포의 수는 약 수백 개에서 수십만 개 사이라는 수치가 나온다. 특히 하루 5000개라는 수치가 자주 눈에 띈다. 이 수치는 면역계 세포가 자신의 몸에 반응하지 않게끔 제어되는 구조(**면역 관용**이라고 부른다)를 해명해 1960년에 노벨생리학·의학상을 수상한 프랭크 맥팔레인 버넷이 돌연변이가 발생할 확률, 암세포 발생에 필요한 돌연변이의 수, 하루에 분열하는 세포의 수 등을 통해 추측한 수치인 듯하다. 따라서 어디까지나 어림짐작이지 정확한 수치는 아니다. 다만 만약 5000개의 암세포가 날마다 발생한다는 가정하에서, 이 세포를 모두 괴사로 퇴치한다고 상상해보자. 그러면 몸 구석구석에서 염증이 발생해 온몸이 고통스러워질지도 모른다. 하지만 실제로 우리의 몸에서 그와 같은 일은 벌어지지 않는다. 그 이유는 바로 암으로 변한 세포를 세포자살로 제거하고 있기 때문이다.

항체를 이용해 암을 격파한다

우리의 몸은 병원균이나 바이러스 등의 이물질, 다시 말해 항원이 체내에 침입하면 그 이물질과 결합하는 항체가 만들어지면서 이물질을 제거하는 구조를 갖추고 있다(→23쪽을 복습). 이러한 구조를 이용해 질병의 원인 물질에 대한 항체를 만들고, 이 항체를 체내에 주사해 질병을 예방하거나 치료하는 약을 **항체의약품**이라 부른다.

세포 표면에는 세포의 증식이나 분화에 관여하는 다양한 수용체가 존재한다. 그중 하나인 수용체형 티로신 인산화효소는 세포 증식 인자와 결합하는 세포 외부 영역과 세포막을 관통하는 영역, 그리고 티로신 인산화효소의 기능을 지닌 세포 내부 영역까지 모두 3개의 영역이 하나로 이어진 구조다. 이 수용체형 티로신 인산화효소의 일종인 HER2는 세포의 증식이나 분화 등을 조절하는 데 관여한다. 이러한 HER2를 만들어내는 HER2 유전자에 돌연변이가 발생했을 경우, 혹은 HER2 단백질이 과다하게 생성되면, 세포증식이나 분화의 조절에 이상이 생기면서 세포가 암으로 변한다. 그렇기 때문에 HER2 유전자는 암유전자다.

유방암은 유방암세포가 여성 호르몬(에스트로겐) 수용체를 발현했는지 아닌지, 아니면 HER2 유전자에 돌연변이가 발생했는지 아닌지, 또는 유방암세포의 증식 능력이 높은지 낮은지에 따라 5가지 종류로 분류된다. 그중에서도 에스트로겐 수용체가 발현되지 않아 에스트로겐을 투여하더라도 세포 증식은 증폭되지 않으나 HER2 유전자에 돌연변이가 발생했기 때문에 암세포가 증식하는 속도가 빠른 유형이 있다. 이러한 유형은 **HER2 양성 유방암**이라고 부르는데, 전체 유방암의 20%를 차지한다. 그리고 지금까지 HER2 양성 유방암은 치료가 어렵다고 여기고 있다.

1998년, 미국에서 인가된 트라스트주맙(상품명: 허셉틴®)은 암세포의 표면에 존재하는 수용체형 티로신 인산화효소인 HER2 단백질에 특이적으로 결합하는 항체로, 증식인자가 HER2와 결합하는 부위를 뒤덮어서 증식인자의 결합을 방해해 암세포의 증식을 억제한다. 트라스트주맙은 항체로 이루어진 약이므로 항체의약품의 일종이다. 트라스트주맙이 결합된 암세포는 세포증식이 억제될 뿐 아니라, 면역 세포가 공격하게끔 하기 때문에 최종적으로는 체내에서 암세포가 배제된다. 이 트라스트주맙의 등장으로 최근 HER2 양성 유방암이 재발하는 환자의 수가 급격히 감소했다.

암 치료법의 종류와 새로운 원리의 치료법 — 암 면역요법

암세포를 체내에서 배제하는 데는 다양한 방법이 있다. 첫 번째는 암으로 변한 조직을 수술로 직접 제거하는 방법이다. 이 방법은 암이 전이되지 않았을 때 매우 효과적인 치료법이다. 두 번째는 **방사선 치료법**이다. 세포에 일정 세기 이상의 방사선을 가하면 DNA가 손상된다. DNA가 손상되면 앞서 언급한 세포자살을 통해 세포가 제거된다. 이러한 성질을 이용한 방법이 바로 방사선 치료법이다. 세 번째는 방사선 대신 화학물질을 이용해 DNA에 손상을 가해 세포자살을 일으켜서 암으로 변한 세포를 제거하는 **화학요법**이다. 이 화학요법에서 이용되는 약, 다시 말해 **항암제**는 세포에 유입되면 DNA와 강력하게 결합해 DNA 복제를 방해하고 세포분열을 막는다. 하지만 항암제는 정상적인 세포에도 침투하기 때문에 정상적인 세포까지 방해를 받게 된다. 따라서 다양한 부작용이 발생한다. 다만 세포분열은 정상적인 세포보다도 암세포가 훨씬 왕성하기 때문에 상대적으로 암세포가 더욱 큰 피해를 입게 된다. 이러한 성질을 이용해 항암제를 써서 암세포를 제거할 수 있는 것이다.

전립선암의 대부분은 남성 호르몬의 작용에 따라 증식한다. 그러므로 전립선암 환자에게는 남성 호르몬의 작용을 방해하는 약을 투여해 전립선암의 증식과 전이를 억제한다. 이 치료법은 **호르몬 요법**이라 불린다. 그리고 앞서도 언급한 만성 골수성 백혈병의 치료제로 티로신 인산화효소를 방해하는 약인 이매티닙이나 HER2 양성 유방암의 치료제로 HER2에 대한 항체인 트라스트주맙과 같은 분자표적약을 이용한 **분자표적 치료**도 있다. 이러한 치료법들을 종합하자면 현 시점에서의 암 치료법으로는 '수술', '방사선 치료', '화학요법', '호르몬 요법', '분자표적 치료'가 있다. 하지만 이들 치료법과는 전혀 다른 원리를 이용한 암 치료법이 실시되고 있다. 바로 우리의 면역계를 이용하는 **암 면역요법**이다(→190쪽).

노화와 수명, 그리고 암의 밀접한 관계

우리는 하나의 수정란에서 시작해 세포분열을 되풀이하면서 몸이 형성되고, 나이를 먹음에 따라 다양한 장기의 기능이 저하되며, 최종적으로는 수명이 다해 죽음에 이른다. 하지만 우리 인간뿐 아니라 모든 생물에게는 수명이 존재한다. 수명은 어떻게 결정되는 것일까?

1961년, 레너드 헤이플릭은 인간의 태아에서 채취한 세포를 지속적으로 배양해 세포가 약 40~50회 정도 분열한 뒤로는 더 이상 분열하지 않게 되는 현상을 발견했다. 이 현상은 그의 이름에서 따 **헤이플릭 한계**Hayflick limit라고 불린다. 이후의 연구를 통해 젊은 사람에게서 채취한 세포는 연로한 사람에게서 채취한 세포보다도 세포가 분열할 수 있는 횟수가 많다는 사실이 밝혀졌다. 즉, 세포가 분열할 수 있는

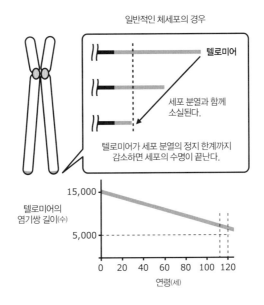

〈그림 34〉 텔로미어

횟수는 처음부터 정해져 있으며, 여기서 세포의 수명이 결정된다는 사실이 드러난 셈이다. 하지만 어떤 기구에서 세포의 분열 횟수가 정해지는지는 오랫동안 미지의 영역이었다.

우리의 염색체에는 반드시 '말단'이 존재한다. 이 말단 부분은 염색체의 구조를 안정화시키는 데 필요한 부위라 알려져 있으며 텔로미어telomere라 불리고 있었다. 하지만 **텔로미어**의 DNA 배열은 밝혀지지 않은 상태였다. 그리하여 1978년, 엘리자베스 H. 블랙번은 물속에 서식하는 테트라히메나Tetrahymena라는 섬모충을 이용해 텔로미어의 염기배열을 해독하는 데 도전했고, 성공했다.[22] 그 결과, 텔로미어에는 'TTGGGG'라는 염기배열이 반복적으로 존재한다는 사실을 알아냈다. 또한 포유류에 존재하는 텔로미어의 염기배열은 'TTAGG'로 테트라히메나와는 조금 다르지만 매우 유사한 배열이 반복적으로 존재하고 있었다.

이후의 연구를 통해 텔로미어는 세포가 분열할 때마다 짧아지고, 어느 정도까지 짧아지면 더 이상 세포가 분열하지 않게 된다는 사실을 알게 되었다. 여러분은 시험을 앞두고 강의를 빼먹은 날의 노트를 빌려서 복사한 경험이 있으리라. 친구에게 원본 노트를 빌리면 글씨나 그림이 선명하게 복사된다. 하지만 한 번 복사한 결과물을 이용해 다시 복사를 하면, 다시 말해 사본으로 복사를 하거나 그 사본으로 다시 복사를 하면 글씨나 그림은 점점 알아보기 어려워진다. 복사가 염색체 복제라면 복사를 할 때마다 글씨나 그림의 손상, 다시 말해 염색체에 변이가 축적된다. 그러므로 텔로미어를 이용해 세포가 분열한 횟수를 기록해서 염색체에 이상이 축적되는 상황을 피하려 한다. 즉, 텔로미어는 세포의 분열 횟수를 기록하는 계수기인 셈이다.

인간의 경우는 약 1만 염기쌍 길이의 텔로미어가 염색체의 양 끝에 존재한다. 그리고 세포가 분열할 때마다 약 50~200염기쌍씩 짧아지고, 최종적으로 약 5000염기쌍의 길이가 되면 더 이상 분열하지 못하게 된다(그림 34). 하지만 여기서 다시 의문이 생겨난다. 암세포는 불사 세포라고도 불린다. 텔로미어를 통해 세포의 수명이 정해져 있는데도 어째서 암세포는 죽지 않는 것일까? 사실 암세포에는 텔로미어를 늘리는 **텔로머라아제**telomerase라는 효소, 다시 말해 세포가 분열된 횟수의 기록을 초기화시키는 버튼이 존재한다. 이 텔로머라아제는 암세포뿐 아니라 생식세포나 다양한 조직과 장기로 분화될 수 있는 줄기세포에도 존재한다. 따라서 이 세포들은 수명의 제한 없이 계속해서 분열할 수 있다. 텔로미어와 텔로머라아제를 발견한 블랙번과 캐럴 W. 그라이더, 잭 W. 조스택 세 사람은 2009년에 노벨생리학·의학상을 수상했다.

베르너 증후군 Werner syndrome이라는 질병이 있다. 이 병은 20대 전후를 기점으로 빠른 노화현상, 다시 말해 흰머리나 탈모, 백내장 등이 발생하고 최종적으로는 동맥경화 등의 질환이 생겨 40~50대에 목숨을 잃게 된다. 일본에서는 약 6만 명 중 1명꼴로 발병한다고 하는데, 서구에서는 20만 명 중 1명꼴로 발병한다. 어째서 일본에 베르너 증후군 환자가 많은지에 대해서는 밝혀지지 않았다. 베르너 증후군에서는 DNA 헬리카아제 유전자에 이상이 발견된다. **DNA 헬리카아제** DNA helicase란 DNA를 수복하거나 텔로미어의 구조를 안정화시키는 효소로, 베르너 증후군이 발병한 경우에는 정상적으로 기능하지 않기 때문에 텔로미어의 길이가 급속도로 짧아진다고 한다. 따라서 베르너 증후군 환자는 세포가 분열할 수 있는 횟수가 적기 때문에 수명이 짧아지는 것으로 보인다. 하지만 세포가 분열할 수 있는 횟수가 적다는 사실이 육체적 노화현상과 어떻게 결부되는지에 대해서는 여전히 밝혀지지 않았는데, 앞으로의 연구 성과가 기대되는 부분이다.

안젤리나 졸리와 유방암

2013년, 미국의 배우 안젤리나 졸리(이하 졸리)는 유전자 검사를 통해 87%의 확률로 유방암에 걸리게 된다는 진단을 받았고, 예방 차원에서 양쪽 유방을 적출하고 재건하는 수술을 받았다. 수술은 성공했고, 유방암이 발병할 확률은 5%까지 낮아졌다. 이때 난소암이 발병할 확률도 50%라는 진단을 받았기에 2015년에는 난소와 난관을 적출하는 수술도 함께 받았다.[23]

유방암의 약 80%는 가족력과 무관하게 발생한다. 하지만 한 집안에 복수의 유방암, 난소암 환자가 있으며 돌연변이가 발생한 유전자를 지닌 경우도 있다. 이와 같은 유방암을 '유전성' 유방암이라고 부른다. 졸리 가문의 경우, 모친(2007년, 향년 56세)은 유방암을 앓았고, 난소암으로 세상을 떠났다. 또한 이모(향년 61세)는 유방암, 외조부(향년 61세)는 땀샘암, 외조모(향년 45세)는 난소암으로 세상을 떠났다. 다시 말해 유전성 유방암의 가능성이 강하게 의심되는 상황이었다. 그래서 졸리는 유전자 검사를 받았던 것이다.

유전성 유방암은 BRCA1^{breast cancer susceptibility gene 1} 혹은 BRCA2 유전자(혹은 둘 모두)에 돌연변이가 생겨나서 발생한다는 사실이 밝혀진 바 있다. BRCA1 유전자는 미키 요시오가 1994년에 발견했다. 한편 BRCA2 유전자는 영국의 연구팀이 1995년에 발견했다. 이 BRCA1·BRCA2 유전자는 손상된 DNA를 수복하는 암 억제 유전자다. 이 중 어느 한쪽에 돌연변이가 발생하면 전립선암이나 췌장암이 발병할 위험성이 높아진다는 사실이 알려져 있다. 실제로 졸리의 외삼촌은 전립선암으로 50대에 세상을 떠났다. 미국의 통계에 따르면 BRCA1 유전자에 돌연변이가 생긴 경우는 약 60%, BRCA2 유전자에 돌연변이가 생긴 경우는 약 50%가 유방암이 생긴다고 보고되었다. 졸리는 BRCA1 유전자에 돌연변이가 있다는 사실이 드러나 예방 수술을 받았던 것이다.

만약 여러분이 졸리와 같은 상황에 처해 있다면 유전자 진단을 받겠는가? 유전자 진단 결과, BRCA1·BRCA2 유전자에서 돌연변이가 발견되지 않는다면 아무런 문제가 없다. 하지만 만약 돌연변이가 발견되었다면? 예방 차원에서 유방 절제나 난소, 난관 제거와 같은 수술을 받겠는가? 그 돌연변이는 다음 세대, 즉 여러분의 자녀에게 유전될 가능성도 있으며, 당신의 형제자매 역시 돌연변이를 일으킨 유전자를 지녔을지도 모른다. 따라서 유전자 진단을 받는다는 것은 당신 자신만의 문제가 아닌 셈이다.

이러한 위험성과 혜택―훗날 암에 걸릴지도 모른다는 불안감에서 벗어날 수 있다는―을 고려해 유전자 진단을 받을지, 또한 예방차원에서 수술을 받을지, 결단은 각 개인에게 달린 문제다. 그러려면 지금까지 쌓여온 의료에 관한 통계적 자료와 생명과학 지식을 토대로 스스로 판단할 수밖에 없다. 졸리는 "가장 중요한 것은 어떠한 선택지가 있는지 인식하고, 그중에서 자신의 개성에 맞는 선택지를 고르는 것이다"라고 말했다.[24] 앞으로 펼쳐질 시대에서는 지금보다 한층 더 자신의 몸에 대한 올바른 이해가 중요해질 듯하다.

새로운 암 치료법-암 면역요법이란

암세포나 바이러스에 감염된 세포는 상당한 민폐를 끼친다. 앞에서 언급했듯 세포 표면에 있는 MHC 클래스I의 양을 감소시킨다(→68쪽을 복습). 이를 통해 정상적인 자신의 세포인지 비정상적인 세포인지 혼동케 해서 킬러 T 세포의 공격에서 벗어나려 한다. 그러면 킬러 T 세포는 이러한 세포를 제거하기 어려워진다. 한편 내추럴 킬러(NK) 세포는 MHC 클래스I가 없는 세포를 제거하므로 암세포나 바이러스에 감염된 세포도 공격할 수 있다. 하지만 완전히 제거하지는 못한다. 그 이면에는 암세포나 병원체에 감염된 세포가 살아남기 위해 펼치는 교묘한 전략이 숨겨져 있다.

T 세포(헬퍼와 킬러)의 표면에는 PD-1이라 불리는 스위치가 있다.[25] 이 스위치는 대식세포나 수상세포의 세포 표면에 존재하는 PD-L1, PD-L2라 불리는 단백질과 결합한다. 그리고 PD-1이라는 스위치가 눌리면 T 세포에 존재하는 T 세포 수용체의 작용이 억제된다.[26] 다시 말해 면역 활동이 억제된다는 뜻이다. 정상적인 상태일 때는 면역이 지나치게 활성화되지 못하게끔 이 PD-1과 PD-L1, PD-L2가 면역 작용을 억제하는 역할을 한다. 이와 같은 구조를 **면역 점검점**이라고 한다. 하지만 암세포나 바이러스, 세균에 감염된 세포 중에는 세포 표면에서 PD-L1이나 PD-L2를 만들어내는 경우가 있다. 그렇게 되면 T 세포에 따른 세포성 면역이 기능을 멈추어서 암세포나 병원체에 감염된 세포를 제거하지 못하게 된다.

그래서 'PD-1의 작용을 억제하면, 다시 말해 면역을 활성화시키면 되지 않을까'라고 생각한 인물이 있다. 2018년에 노벨생리학·의학상을 수상한 혼조 다스쿠다. 혼조는 PD-1과 결합하는 항체, 즉 항 PD-1 항체로 PD-1의 작용을 억제할 수 있다면 면역을 활성화시켜서 암세포나 병원체에 감염된 세포를 제거할 수 있으리라고 본 것이다. 그리고 실제로 항 PD-1 항체를 만드는 데 성공해, 현재는 옵디보®(일반명: 니볼루맙)라는 면역 점검점 저해제로 의료 현장에서 이용되고 있다(그림 33). 하지만 옵디보는 악성흑색종(피부암의 일종), 폐암, 설암, 인두암, 위암 등 한정된 암 외에는 사용할 수 없다. 또한 투여된 사람 중 20% 정도만이 효과를 보았다고 하며, 때로는 심한 부작용을 일으키기도 한다. 이는 옵디보의 투여를 통해 면역이 활성화되는 정도가 사람마다 다르기 때문이라 생각된다. 한편 부작용은 지나치게 활성화된 면역 상태가 원인으로 보인다. 예를 들어, 아토피성 피부염이나 꽃가루 알레르기와 같은 알레르기는 면역 상태가 과도하게 활성화된 탓에 발생한다고 한다. 다시 말해 면역 상태만 활성화시킬 수 있다면 질병이 호전되리라는 생각은 위험하다는 뜻이다.

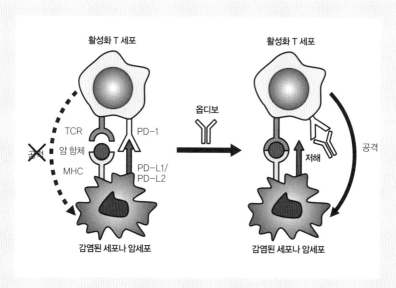

〈그림 33〉 암 면역요법의 구조

또한 항간에는 다양한 암 면역요법이 넘쳐나고 있다. 이들 중에는 유효성이 과학적으로 입증되지 않은 요법도 많다. 유효성이 명확하지 않은 치료법은 의료보험이 적용되지 않으므로 어떤 의료시설에서는 환자가 치료비를 전액 부담해야 하는 경우도 있다. 이처럼 현재는 암 면역요법이라 해도 효과가 입증되어 보험이 적용되는 치료법과, 유효성이 확인되지 않아 치료비를 환자가 모두 부담해야 하는 치료법이 뒤섞여 있으므로 신중하게 확인해야 한다.

제 **4** 장

호르몬-
세포와 세포 사이의 메신저

호르몬이라 하면 여러분은 무엇이 떠오르는가. 대학교 강의나 고등학생을 대상으로 한 강연, 또는 일반 대중을 위한 강연회 등, 다양한 자리에서 이러한 질문을 하는데, 열이면 열 '호르몬 구이'●라고 대답한다. 그렇다면 어쩌다 동물의 내장을 구워 먹는 요리를 호르몬 구이라고 부르게 되었을까? 또한 동물의 내장은 정말로 호르몬을 분비할까?

1920년대, 일본에서는 정력을 높여주는 요리를 호르몬 요리라고 불렀다. 자라, 달걀, 낫토, 참마, 그리고 내장 전골도 호르몬 요리에 포함되어 있었다. 당시의 일본인에게 호르몬이란 생명의 원천과도 같은 물질이며 회춘의 비약, 그리고 우리를 건강하게 만들어주는 물질로 여겼던 것이다. 다시 말해 호르몬 구이의 '호르몬'은 오사카 사투리로 '버리는 것'을 의미하는 '호르몬'이 아니라 우리 몸의 다양한 작용을 조절하는 생리활성물질인 '호르몬'에서 유래된 말이라고 생각된다. 참고로 '호르몬'은 1905년에 영국의 생리학자인 어니스트 H. 스탈링이 그리스어로 '자극하다, 흥분시키다'라는 의미인 hormaein이라는 말에서 만들어냈다.

● 일본에서 호르몬 구이는 소나 돼지의 창자 등 내장을 구워 먹는 요리를 뜻하는데, 그 어원에 대해서는 설이 다양하다. 오사카의 어느 요리집 주인이 날마다 버려지는 내장을 활용할 방법을 고심하다 구워 먹는 방식을 개발해냈기 때문에 오사카 사투리로 '버리는 것'을 뜻하는 말인 '호르몬' 구이라고 불리게 되었다는 이야기도 유명한 설 중 하나다.

자신과 가족을 실험대에 세운 생리학자들

생리학이나 의학 연구 분야의 발전사를 거슬러 올라가다 보면 자신의 몸을 실험대에 세운 사례가 셀 수 없이 많다. 예를 들어, 2005년에 노벨생리학·의학상을 수상한 배리 J. 마셜은 만성 위궤양 환자에게서 추출한 **헬리코박터 파일로리**(흔히 말하는 파일로리균)를 배양했다. 마셜은 배양한 파일로리균을 직접 마셨고, 열흘 뒤에 위궤양에 걸렸다. 이후 항생물질을 먹고 파일로리균을 없애자 위궤양이 나았다는 이야기는 익히 알려져 있다.

한편 자신의 가족을 실험대에 세운 사례도 적게나마 존재한다. 일본에서는 하나오카 세이슈가 유명하다. 거듭된 실험 결과, 흰독말풀이나 바곳 등 6종류의 약초에 마취 효과가 있다는 사실을 발견한 하나오카는 마취약을 완성시켰다. 하지만 인체 실험에서 난관에 부딪치고 만다. 이를 보다 못한 어머니와 아내가 이 마취약의 실험 대상이 되겠노라 자청했다. 수차례에 걸친 실험 끝에 어머니의 죽음과 아내의 실명이라는 큰 희생을 치렀지만 결국 전신마취제인 '통선산通仙散'을 완성해냈다. 1804년에는 세계 최초로 전신마취로 60대 여성의 유방암 수술에 성공했다. 해외로 눈길을 돌려보면 영국의 에드워드 제너가 유명하다. 제너는 자신의 고용인이었던 제임스 필립스를 실험대에 세워 **천연두 백신**을 개발하는 데 성공했다.

호르몬에 관련해서는 영국의 조지 올리버가 자신의 가족을 실험대에 세웠다. 올리버는 임상 현장에서 사용하는 장치를 직접 개발해, 그 장치로 가족에게 실험을 해보는 취미가 있었다. 1894년에 올리버는 부신●이 어떠한 기능을 하는지 알아보고 싶어졌다. 푸줏간에서 부신을 얻어온 올리버는 부신의 추출물을 자신의 어린 아들에게 주사했다. 그러자 팔의 맥을 짚을 때 쓰는 손목 동맥—요골동맥—의 굵기가 가늘어졌고, 올리버는 자신의 장치를 이용해 요골동맥이 수축되는 현상을 검출해냈다고 생각했다. 그래서 올리버는 자신의 발견을 알리기 위해 런던 대학교의 에드워드 A. 샤피셰이퍼를 찾아갔다. 개의 혈압을 측정하는 실험을 준비하느라 정신이 없었던 샤피셰이퍼는 올리버의 방문에 몹시 짜증이 나 그의 이야기를 들어보려고도 하지 않았다. 하지만 굴하지 않고 주머니에서 자신이 만든 부신 추출물을 꺼낸 올리버는 샤피셰이퍼에게 그 추출물을 정맥에 주사하면 동맥이 수축될 테고, 동맥이 수축되면 혈압이 올라갈 테니 꼭 혈압을 측정해달라고 간절하게 부탁했다. 샤피셰이퍼는 이처럼 야만적인 인체실험은 아무런 의미가 없다는 사실을 깨달으라는 의도에서 일부러 올리버에게 부신 추출물을 주사했다. 그런데 혈압계가 순식간에 요동쳤다. 즉, 혈압이 단숨에 상승했던 것이다. 이를 통해 부신에는 혈압을 상승시키는 어떠한 물질이 존재한다는 사실이 밝혀졌다. 이후 부신에 존재하는 혈압 조절 물질은 1901년, 다카미네 조키치와 우에나카 게이

● 좌우의 신장 위에 존재하는 내분비기관.

조에 의해 **아드레날린**^{adrenalin}으로 밝혀졌다. 이 아드레날린은 인류가 최초로 손에 넣은 호르몬이다. 아드레날린을 발견한 지 약 120년이 지난 현재는 약 100종류 이상의 호르몬이 발견되었다.

 호르몬의 기본 강의 ① 내분비선과 외분비선

세포 내부에서 생산한 물질을 세포 밖으로 분비하는 세포의 집단 (조직이나 장기)을 선(샘)이라고 부른다. 그리고 조직이나 장기에서 뻗어 나온 도관^{導管}이라 불리는 관을 통해 생산한 물질을 분비하는 방식을 **외분비**라 부르고, 이와 같은 방식으로 분비하는 조직과 장기를 **외분비선**이라고 부른다. 예를 들어, 췌장의 외분비 기능을 담

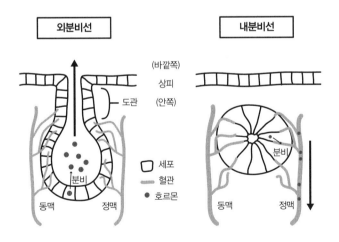

〈그림 35〉 외분비선과 내분비선

당하는 선방세포에서는 췌액을 생산한다. 생산된 췌액은 췌관을 통해 십이지장으로 분비된다(그림 35).

　한편 호르몬을 분비하는 조직에서는 도관이 아닌 혈액으로 호르몬이 직접 분비된다. 그리고 혈류를 따라 호르몬이 작용하는 특정한 표적 기관으로 운반되고 작용한다. 표적 기관에는 특정한 호르몬만이 결합하는 호르몬 수용체를 지닌 세포가 존재한다(그림 36). 이와 같은 분비 방식을 **내분비**라고 부르며, 이를 실시하는 조직과 장기를 **내분비선**이라고 부른다. 내분비선으로는 뒤에서 언급할 뇌하수체나 갑상선, 부신, 췌장의 랑게르한스섬 등이 있으며, 각자 다른 호르몬을 분비한다. 최근에는 호르몬을 분비하는 세포와 바로 이웃한 세포에 호르몬이 작용하거나(측분비라고 부른다) 호르몬을 분

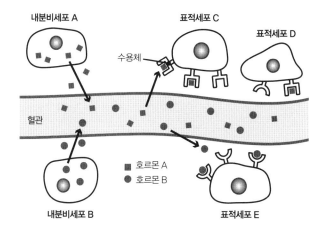

〈그림 36〉 호르몬과 표적기관

비한 세포 자신에게도 호르몬이 작용한다는(자가분비라고 부른다) 사실이 밝혀졌다. 이 호르몬은 매우 적은 양이라도 세포에 효과를 보인다. 우리의 몸이 물로 가득 채워진 50m 풀장이라면 한 숟가락의 분량만으로도 호르몬은 충분히 몸에 작용한다는 뜻이다. 평생에 걸쳐 분비되는 여성 호르몬의 양이 한 숟가락 정도라고 한다. 이렇듯 호르몬의 분비량은 매우 치밀하게 조절되고 있으므로 쓸모없어진 호르몬은 신속하게 분해되어 체내에서 제거된다. 또한 신체 내부, 외부의 환경 변화에 따라 적절하게 호르몬이 분비되고, 이 호르몬을 통해 체내의 환경을 일정한 상태로 유지한다. 이와 같은 구조를 **생체항상성**(호메오스타시스^{homeostasis})이라 부른다. 우리의 체내에서는 현 시점까지 100종류 이상의 호르몬이 발견되었으나, 앞으로도 더욱 많은 호르몬이 발견될 것으로 보인다.

뇌에도 호르몬을 분비하는 세포가 있다

호르몬이라 하면 췌장이나 부신 등 호르몬을 분비하는 기관이 먼저 떠오를지도 모르겠다. 하지만 알고 보면 뇌 안에도 신경세포와 생김새가 매우 흡사하며 호르몬을 분비하는 세포가 존재한다. 이처럼 뇌에 존재하며 호르몬을 분비하는 세포를 **신경내분비세포**라고 부른다. 이

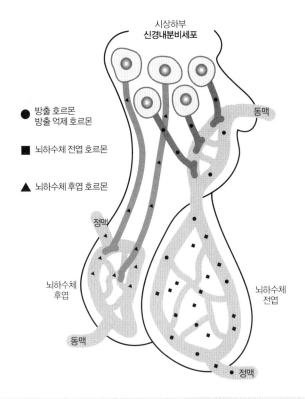

시상하부
신경내분비세포

● 방출 호르몬
　방출 억제 호르몬

■ 뇌하수체 전엽 호르몬

▲ 뇌하수체 후엽 호르몬

동맥

정맥

뇌하수체
후엽

뇌하수체
전엽

동맥

정맥

〈**그림 37**〉 시상하부와 뇌하수체

신경내분비세포는 뇌의 **시상하부**에 존재한다. 그리고 시상하부에는
장축 7~8mm, 무게 0.5~0.9g 정도의 뇌하수체가 콩알처럼 매달려
있다. 이 **뇌하수체**는 구조적으로 다른 전엽과 후엽 부분으로 구성되
어 있다. 시상하부에는 2종류의 신경내분비세포가 존재한다. 첫 번째
는 시상하부에서 **뇌하수체 전엽** 내부를 지나는 모세혈관까지 돌기를
뻗치고 있다. 그리고 그 돌기의 말단에서는 이후 설명할 방출 호르몬

이나 방출 억제 호르몬이 이 혈관의 혈액으로 분비된다(→203쪽 참조). 이 호르몬들은 혈류를 따라 뇌하수체 전엽으로 운반되어 뇌하수체 전엽의 내분비세포에 작용해, 뇌하수체 전엽 호르몬의 분비를 조절한다. 두 번째는 **뇌하수체 후엽**까지 긴 돌기를 뻗치고 그 말단에서 **옥시토신**oxytocin 혹은 **바소프레신**vasopressin이라 불리는 뇌하수체 후엽 호르몬을 분비한다(그림 37).

시상하부와 뇌하수체에 따른 호르몬 분비 조절

시상하부와 뇌하수체는 어떤 방식으로 호르몬의 분비를 조절하고 있을까? 갑상선에서 분비되는 **갑상선 호르몬**은 다양한 조직에서 발생하는 대사반응을 활성화시켜 열 생산을 촉진시킨다. 또한 뇌의 신경세포나 뼈에도 작용해 성장을 촉진시키거나 폐에서 일어나는 호흡 운동이나 심박 수를 빨라지게 하기도 한다. 따라서 우리가 건강한 일상생활을 보내는 데 매우 중요한 호르몬 중 하나다.

　갑상선은 목의 '울대' 아래쪽에 있으며 나비와 같은 형태를 하고 있다. 갑상선 호르몬으로는 아미노산인 티로신에 3개 혹은 4개의 아이오딘이 결합한 것이 있는데, 전자는 **트리아이오딘티로닌**triiodothyronine(T_3이라고도 한다), 후자를 **티록신**thyroxine(T_4라고도 한다)이라 부른다. 이 갑상선 호르몬의 혈중 농도가 저하되면 시상하부에서 갑상선 자극 호르몬 방출 호르몬thyrotropin-releasing hormone이 분비된다. 이 호르몬이 뇌하수체 전엽에 도달하면 뇌하수체 전엽의 세포에서 갑상선 자극 호르몬이 혈액으로 분비된다. 그리고 분비된 호르몬이 갑상선에 도달하면 갑상선에서 갑상선 호르몬이 분비된다. 한편 갑상선 호르몬의 농도가 증가하면 시상하부나 뇌하수체 전엽이 이에 반응해 갑상선 호르몬의 분비를 억제하게끔 작용한다. 이와 같은 기구를 **음성 피드백**negative feedback이라고 부른다(그림 38).

염분이 많은 음식을 먹거나 땀을 많이 흘리면 세포외액, 다시 말해 우리의 체액 속 전해질(이온)의 농도가 세포내액보다 높아진다. 참고로 전해질(이온)이란 나트륨, 칼륨, 칼슘, 마그네슘, 염화물 이온 등을

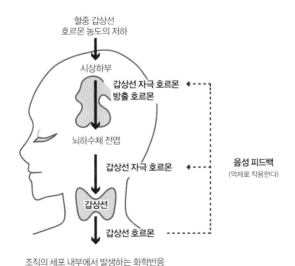

〈그림 38〉 갑상선 호르몬의 분비가 조절되는 과정

가리킨다. 이러한 상태에 놓이면 세포 안의 수분이 세포 밖으로 빠져나가므로 세포는 쪼그라들고 만다. 시상하부의 신경내분비세포가 이러한 체내의 변화를 감지한 결과, 뇌하수체 후엽에서 **바소프레신**이 분비된다. 바소프레신은 신장에서 소변을 배설하는 통로인 집합관의 세포에 작용해 수분의 재흡수를 촉진시키는, 바꾸어 말하자면 소변의 양을 줄여서 체액의 전해질 농도가 높아지지 않도록 억제하는 기능을 한다. 또한 바소프레신은 시상하부에도 작용해 갈증을 일으키는데, 이때 우리는 물을 마시게 된다. 그 결과 체액 속 수분의 양이 증가하면서 전해질의 농도가 낮아진다. 이러한 균형에 따라 체액 속 전

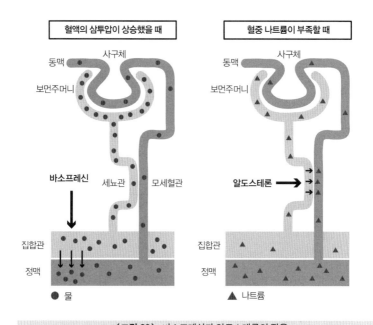

〈그림 39〉 바소프레신과 알도스테론의 작용

해질의 농도가 일정하게 유지되고 있다. 반대로 물이나 맥주 등을 지나치게 많이 마시면 체액 속에 증가한 수분과 알코올이 직접적으로 작용해 바소프레신의 분비가 억제되고, 소변을 많이 배출해 체액 속 전해질의 농도를 조절한다.

역으로 체내의 나트륨이 부족해지면 **부신피질**에서 **알도스테론** aldosterone(**무기질 코르티코이드**의 일종)이 분비된다. 이 호르몬은 신장의 세뇨관 세포에 작용해 나트륨의 재흡수를 촉진시켜 혈액의 삼투압 저하를 억제한다(그림 39).

정리하자면 체내의 상태가 변했음을 감지한 시상하부는 호르몬을 통해 뇌하수체에 지령을 내린다. 그리고 시상하부에서 지령을 받은 뇌하수체는 다른 다양한 내분비선(부신피질, 정소, 난소, 유방 등)을 자극하는 호르몬을 분비해 우리 몸의 생체항상성을 유지하는 데 중심적인 기능을 담당한다.

··

호르몬의 기본 강의 ② **호르몬에도 다양한 종류가 있다**

앞서 호르몬이 약 100종류나 된다고 언급했는데, 이 호르몬들은 아미노산에서 만들어지는 **펩티드 호르몬**과 콜레스테롤에서 만들어지는 **스테로이드 호르몬**, 그리고 아미노산에서 효소 반응을 통해 만들어지는 **아미노산 유도체 호르몬**, 3가지로 분류할 수 있다. 펩티드 호르몬은 아미노산이 염주처럼 이어진 형태다. 2장(→96쪽)

에서 언급했듯이 단백질 역시 아미노산이 염주 형태로 연결된 것으로, 펩티드 호르몬과의 차이는 아미노산이라는 염주알의 개수가 다르다는 것뿐이다. 예를 들어, 혈중 글루코스glucose(포도당)를 낮추는 작용이 있는 췌장의 β 세포에서 분비되는 인슐린은 51개의 아미노산으로 구성된 펩티드 호르몬이다. 한편 모유 분비를 촉진시키는 펩티드 호르몬인 옥시토신은 겨우 9개의 아미노산이 연결된 것이다.

　우리 몸에 존재하는 단백질 대부분은 50~1500개의 아미노산이 연결된 것이다. 예를 들어, 족발이나 자라에 함유된 콜라겐은 1000개가 넘는 아미노산이 연결된 단백질이다. 다시 말해 펩티드 호르몬은 염주알의 개수가 적고, 콜라겐과 같은 단백질은 염주알의 개수가 많다는 뜻이다. 달걀이나 소고기 등 단백질이 함유된 음식물을 섭취하면 위나 췌장에서 소화효소가 분비되고, 단백질은 소화되어 우리의 몸에 영양분으로 흡수된다. 따라서 콜라겐이 다량 함유된 족발이나 자라를 아무리 많이 먹은들 유감스럽게도 피부가 탱탱해지지는 않는다. 섭취한 콜라겐은 모두 소화되어버리기 때문에 영양소로 몸에 흡수될 뿐이다. 콜라겐과 마찬가지로 아미노산으로 이루어진 펩티드 호르몬 역시 먹으면 흡수되어 호르몬의 작용을 잃게 된다. 따라서 펩티드 호르몬은 혈중에 주사했을 때 비로소 작용한다. 예를 들어, 당뇨병 환자는 식후에 매번 혈중 포도당 농도(혈당치)를 측정하고 그 수치에 따라 인슐린을 직접 주사해야 한다.

콜레스테롤cholesterol에서 만들어지는 물질을 스테로이드steroid라고 부른다. 스테로이드는 잘 분해되지 않을뿐더러 지용성이므로 먹었을 경우에도 체내에 흡수되어 호르몬으로서 기능을 발휘한다. 이 스테로이드 호르몬에는 면역세포가 활성화되지 못하게 억누르는 작용이 있으므로 면역반응이나 염증반응이 억제된다. 이 작용을 이용해서 아토피성 피부염이나 구내염 등의 염증을 가라앉히는 연고로 쓰이고 있다.

참고로 콜레스테롤은 달걀의 노른자나 새우, 마른 오징어에 들어 있다. 달걀에는 콜레스테롤이 다량 함유되어 있기 때문에 하루에 1개 이상 먹으면 혈중 콜레스테롤 농도가 상승해 동맥경화를 유발하므로 자제하는 편이 좋다고 여겨 왔다. 하지만 2015년에 후생노동성은 '일본인의 식사 섭취 기준 2015년도'에서 1만 8000명 규모로 실시한 연구 결과를 통해 달걀을 하루에 2개 이상 먹더라도 동맥경화나 심장 질환, 뇌경색 등과의 연관성이 발견되지 않는다는 이유로 식사의 콜레스테롤 섭취 목표량을 철폐했다.[1]

우리의 희로애락을 조절하는 호르몬으로 도파민dopamine, 노르아드레날린noradrenalin, 아드레날린, 세로토닌serotonin과 같은 호르몬이 있다(→자세한 내용은 270쪽에서). 도파민은 아미노산인 티로신을 원료로 삼아 효소반응을 통해 만들어진다. 사실은 이 도파민에서 다른 효소가 작용해 노르아드레날린도 만들어진다. 그리고 노르아드레

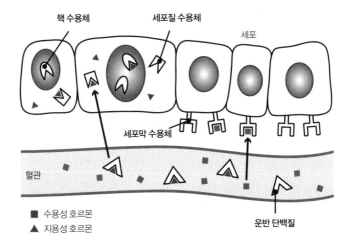

핵 수용체　　　세포질 수용체

세포

세포막 수용체

혈관

■ 수용성 호르몬
▲ 지용성 호르몬

운반 단백질

〈그림 40〉 일정한 장소에 존재하는 호르몬 수용체

날린에서 다른 효소를 통해 아드레날린이 만들어진다. 한편 세로
토닌은 아미노산인 트립토판에서 만들어진다. 이처럼 효소반응을
통해 아미노산에서 호르몬을 만들어내기 때문에 아미노산 유도체
호르몬이라고 불린다. 참고로 펩티드 호르몬이나 아미노산 유도체
호르몬은 대부분 수용성이지만 스테로이드 호르몬이나 갑상선 호
르몬은 지용성 호르몬이다.

　수용성 호르몬과 지용성 호르몬이 우리의 몸에 효과를 나타내
는 형식은 크게 다르다. 펩티드 호르몬이나 아미노산 유도체 호르
몬은 혈중 농도가 매우 낮더라도 효과가 빠르게 나타나지만 효과
의 지속 시간이 짧다. 이는 혈액 속에 호르몬을 분해하는 효소가
존재하기 때문이다. 반면 스테로이드 호르몬은 지용성이기 때문에

세포막을 통과해 세포 안으로 침투, 세포질 내부의 호르몬 수용체에 직접 작용해 세포 속 핵으로 정보를 전달한다. 그리고 유전자 발현이 일어나 단백질이 생산되는 과정을 거치기 때문에 효과가 나타날 때까지 시간이 걸린다. 하지만 잘 분해되지 않으므로 효과가 지속되는 시간은 무척 길다(그림 40).

지금까지 보았듯 호르몬을 분비하는 장기로는 뇌의 시상하부와 뇌하수체, 그리고 갑상선, 부신, 췌장 등이 있다. 그렇다면 다른 장기나 조직에서는 호르몬이 분비되지 않는 것일까?

 호르몬의 기본 강의 ③ 고전적 호르몬과 새로운 호르몬

20세기에 접어들어 부신에서는 아드레날린, 췌장에서는 인슐린과 같은 다양한 호르몬이 발견되기 시작했다(그림 41). 고전적 호르몬이라 불리는 이들 호르몬은 특정한 장기에서 생산되어 혈중으로 분비된다. 그리고 혈류를 타고 호르몬을 분비한 장기와 멀리 떨어진 장기에 작용한다. 이를테면 아드레날린은 부신에서 분비되지만 심장이나 뇌뿐 아니라 위, 소장, 대장 등 소화기, 또한 췌장에도 작용한다. 다시 말해 호르몬은 호르몬을 분비하는 장기와 그것을 받아들이는 장기 사이에서 연락을 취하기 위한 이메일과 같은 존재

시상하부

뇌하수체에서 방출되는 호르몬의 분비를 조절하는 호르몬을 방출
뇌하수체 후엽에서 분비되는 호르몬을 방출

뇌하수체 후엽

옥시토신 : 자궁과 유선세포의 수축을 자극
바소프레신 : 신장에 따른 수분 유지를 촉진
(항이뇨 호르몬, ADH) 사회행동이나 애착 형성에 영향

뇌하수체 전엽

여포 자극 호르몬(FSH)
황체 형성 호르몬(LH) : 난소와 정소를 자극
갑상선 자극 호르몬(TSH) : 갑상선을 자극
부신피질 자극 호르몬(ACTH) : 부신피질을 자극
프로락틴 : 유즙의 생산이나 분비를 자극
성장 호르몬(GH) : 성장과 대사기능을 자극
멜라닌 세포 자극 호르몬 : 표피의 멜라닌 세포의 색 조절

갑상선

갑상선 호르몬(T$_3$, T$_4$) : 대사 과정의 자극과 유지
칼시토닌 : 혈중 칼슘 농도의 저하

부갑상선

부갑상선 호르몬(PTH) : 혈중 칼슘 농도의 상승

췌장

인슐린 : 혈당치를 저하
글루카곤 : 혈당치를 상승

부신수질

아드레날린 : 혈당치를 상승, 대사 활성 증가
노르아드레날린 : 혈관을 수축 또는 이완

부신피질

당질 코르티코이드 : 혈당치를 상승
무기질 코르티코이드 : 신장에서 나트륨 재흡수와
칼륨 배출을 촉진

난소

에스트로겐 : 자궁내막의 발달을 자극,
여성의 2차 성징 발달을 촉진과 유지
프로게스테론 : 자궁내막의 발달을 촉진

정소

안드로겐 : 정자 형성,
남성의 2차 성징 발달을 촉진과 유지

시상하부
뇌하수체 후엽
뇌하수체 전엽
갑상선
부갑상선
췌장
부신수질
부신피질
난소
정소

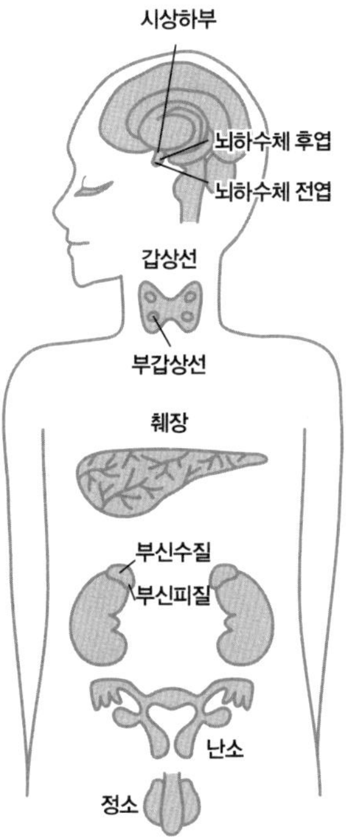

〈그림 41〉 주요 호르몬과 그 작용

『캠벨 생명과학 11판』 그림 45.8을 토대로 작성)

인 셈이다.

1980년대에 접어들어 정소나 난소, 그리고 뇌와 같은 장기 이외의 기관도 호르몬을 생산하고 분비한다는 사실이 밝혀지기 시작했다. 예를 들어, 혈관 안쪽에 존재하며 혈압 조절에 관여하는 혈관내피세포도 호르몬을 분비한다. 하지만 이 호르몬은 펩티드 호르몬도 스테로이드 호르몬도, 또한 아미노산 유도체 호르몬도 아닌, 바로 **일산화질소** 가스다. 일산화질소? 꽤나 생소한 물질일지도 모르겠다. 사실 공장이나 자동차의 배기가스에는 극히 미량 일산화질소가 포함되어 있다. 여담이지만 배기가스에는 일산화질소 외에도 이산화질소나 일산화이질소 등의 질소산화물이 함유되어 있다. 이들 질소산화물이 햇빛에 함유된 자외선을 통해 광화학 반응을 일으키면서 발생하는 것이 바로 광화학 스모그다.

다시 이야기를 되돌려, 가스인 일산화질소는 혈관을 넓혀서 혈액이 흐르기 쉽게 만들어준다. 다시 말해 혈관 스스로 호르몬을 분비해서 자기 자신의 기능을 조절하는 셈이다.[2][3] 참고로 이 혈관내피세포의 기능은 고혈압이나 당뇨병, 비만 등의 생활습관병이 생기면 저하된다. 그리고 혈관내피세포의 기능이 저하된 상태가 지속되면 동맥의 벽이 두꺼워지거나 혈관벽이 탄력을 잃어 딱딱해지기도 한다. 혈관벽이 두꺼워지면 혈관이 좁아지고, 혈관 안에서 피가 굳기도 쉬워진다. 혈관 내부에서 피가 굳은 상태를 혈전이라 하는데, 혈전이 뇌의 모세혈관 내부에서 생기면 뇌경색이 발생한다. 한편 혈관벽이 딱딱해지면 혈압이 급속도로 높아졌을 경우에 혈관이 파열되기도 하는데, 예를 들어 대동맥이 파열되면 생명이 위태할 정도로 위험하다. 따라서 고혈압이나 당뇨병, 비만 등을 피하기 위해 식생활이나 생활습관에 신경을 써야 한다.

일산화질소는 가스이기 때문에 금세 확산되고 그 효과는 약 1초밖에 유지되지 않는다. 하지만 일산화질소를 자신의 의지로 혈관내피세포에서 분비시키는 방법이 있다. 일산화질소가 혈관내피세포에서 분비되는 경우는 혈관에서 흐르는 혈액의 양이 단숨에 늘어났을 때다. 다시 말해 근육에 힘을 주어서 혈관을 수축시켜놓은 뒤, 단번에 근육의 긴장을 풀어 혈관을 이완시켜서 혈류를 늘렸을 때 일산화질소가 분비된다. 이는 무엇을 의미할까? 이미 눈치챈 사람도 있지 않을까. 바로 운동을 하면 일산화질소가 분비된다는 뜻이다.

한편 심장, 특히 심방에서도 펩티드 호르몬이 분비된다. 이 호르몬은 1984년에 마쓰오 히사유키와 간가와 겐지가 발견했다. 혈관을 확장시키는 작용을 통해 혈압을 낮추어서 심장의 부담을 줄인다. 신장에도 작용해 염분(나트륨)을 배출, 다시 말해 소변의 형태로 체외로 배출해 체액의 양을 줄여서 심장에 걸리는 부하를 낮춘다.[4] 따라서 이 호르몬은 심방에서 분비되어 소변을 내보내는 작용을 하는 호르몬이라는 의미에서 **심방성 나트륨 이뇨 펩티드**atrial natriuretic peptide라 불린다. 심장 기능이 저하된 상태, 다시 말해 심부전에 걸리면 심장이 혈액을 순환시키는 펌프의 기능을 수행하기 '버

거운' 상황임을 혈관이나 신장에 전달하기 위해 심장 스스로 이 심 방성 나트륨 이뇨 펩티드를 분비하는 것이다.

....

일산화질소와 노벨

알프레드 B. 노벨은 니트로글리세린을 재료로 다이너마이트를 개발해 엄청난 부를 쌓았다. 그리고 그 막대한 부를 노벨상을 설립하는 데 사용했다. 지병으로 협심증이 있었던 노벨은 의사에게서 혈관을 확장시키는 니트로글리세린을 복용하라는 처방을 받았지만 거부했다. 니트로글리세린은 그대로 복용하더라도 대부분이 위산에 분해되어버리기 때문에 혈관이 확장되기가 어려워 무심코 과도하게 복용하는 경우가 있다. 지나치게 많은 양을 복용하면 두통이나 메스꺼움 등의 부작용을 일으킨다. 이것이 노벨이 니트로글리세린 복용을 거부한 이유가 아닐까 추측된다. 그로부터 약 100년 후, 니트로글리세린의 혈관확장 작용은 체내에서 니트로글리세린이 분해되면서 만들어지는 일산화질소에 따른 결과임이 밝혀졌다. 그리고 일산화질소의 생리작용을 해명한 로버트 F. 퍼치고트, 루이스 J. 이그나로, 페리드 뮤라드는 1998년에 노벨생리학·의학상을 수상했다. 일산화질소를 발견한 사람에게 노벨상이 수여되었다니, 이것도 어떤 인연이 아닐까.

호르몬 구이에는 호르몬이 포함되어 있을까?

일본인들은 '생명의 원천', '회춘의 비약', 그리고 '우리를 건강하게 만들어주는' 음식으로서 '호르몬 구이'를 먹어왔다. 이 호르몬 구이의 주된 재료인 심장, 위, 소장이나 대장에서도 호르몬이 분비된다는 사실이 최근 들어 밝혀지기 시작했다. 하지만 이들 장기가 분비하는 호르몬은 펩티드 호르몬이다. 다시 말해 위에서 소화되어버리기 때문에 '먹어 봐야 효과가 없는 호르몬'인 셈이다. 이러다 전국 고깃집 사장님들의 원성을 사게 될지도 모르겠으나 위, 소장, 대장을 구운 호르몬 구이를 먹더라도 '건강해지는 효과'는 그다지 기대하기 어려울 듯하다. 오히려 이러한 호르몬 구이에는 다량의 지방이 함유되어 있는데, 위에서 소화되는 펩티드와 달리 지방분은 소장에서 소화되고, 소장에서 지방분이 분해되기 시작하면 위의 운동이 억제되기 때문에 더 부룩한 느낌을 받기 쉽다. 또한 소화된 지방분이 흡수되기까지 시간도 걸리기 때문에 기름진 요리를 먹으면 속이 든든한 것이다.

식욕의 조절 — 만복중추와 섭식중추

여러분은 꼬박꼬박 체중을 측정하고 있는가? 수백 그램 정도는 늘었다 줄었다 할 것이다. 그렇다면 체중은 어떻게 일정한 상태로 유지되

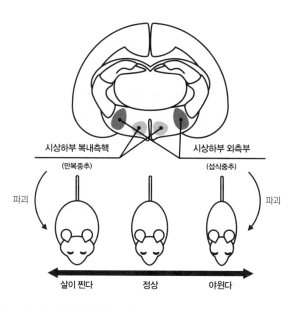

시상하부 복내측핵   시상하부 외측부
(만복중추)   (섭식중추)

파괴   파괴

살이 찐다   정상   야윈다

〈그림 42〉 만복중추와 섭식중추

는 것일까.

1942년, A. W. 헤더링턴과 스테판 랜슨은 쥐의 뇌에서 특정한 부위를 파괴하면 쉴 새 없이 먹이를 먹고 살이 찐다는 사실을 발견했다.[5] 그곳은 **시상하부 복내측핵**이라 불리는 부위였다. 한편 1951년에 발 K. 아난드와 존 R. 브로벡은 쥐의 **시상하부 외측부**라 불리는 부위를 파괴하면 먹는 양이 현저히 줄어들어 굶어 죽게 된다는 사실을 발견했다.[6] 이러한 실험을 통해 시상하부 복내측핵은 파괴되면 하염없이 먹게 되므로 **만복중추**라 부르게 되었다. 한편 시상하부 외측부는 파괴되면 식욕이 떨어지게 되므로 **섭식중추**라 부르게 되었다(그림 42).

다시 말해 현재의 체중이나 몸의 에너지 상태에 관한 정보가 모종의 구조를 통해 섭식중추의 **신경세포(뉴런^{neuron})**에 전달되면 식욕이 발생하고, 만복중추의 뉴런으로 전달되면 식욕이 억제되는 식욕 조절 구조가 뇌에 존재한다고 받아들여지게 된 것이다. 하지만 애당초 뇌가 만복이나 공복을 느끼려면 우리 몸의 에너지 상태, 즉 에너지가 충분한지 아닌지를 뇌가 감지해야만 한다. 그렇다면 뇌는 어떻게 몸 전체의 에너지 상태를 감지하며 어떻게 식욕을 조절하는 것일까?

지방세포가 식욕을 조절한다?

G.R. 하비는 건강한 쥐의 혈액에는 과식이나 비만을 억제하는 어떠한 물질이 존재하지만 만복중추가 손상된 쥐의 혈액에서는 그러한 물질이 사라져버리기 때문에 과식이나 비만이 발생한다는 가설을 세웠다. 따라서 만복중추를 파괴한 쥐에게 건강한 쥐의 혈액을 어떠한 방법으로 보충해줄 수 있다면 과식이나 비만이 억제될지도 모른다고 생각했다. 흡혈귀 드라큘라처럼 식사 때마다 건강한 쥐에게서 혈액을 채취해 만복중추를 파괴한 쥐에게 주사하기란 엄청난 수고와 어마어마하게 많은 쥐가 필요하기 때문에 현실적이지 않았다. 그래서 하비는 만복중추를 파괴한 쥐와 건강한 쥐의 복부 피부를 절개한 뒤, 둘의 복막을 함께 꿰매서(!!) 두 쥐를 결합시키는 수술을 실시했다. 이 수술로

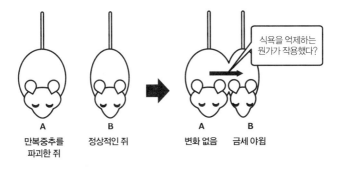

〈그림 43〉 하비가 실시한 개체 결합 실험

두 쥐의 혈액이 섞이게 되었다. 이 수술은 **파라비오시스**parabiosis(개체 결합)라 불렸고, 두 동물의 혈액을 혼합할 목적으로 지금까지 널리 이용되고 있다.

하비의 실험 결과는 놀라웠다. 당초의 예상과는 반대로 만복중추를 파괴한 쥐에게 건강한 쥐의 혈액을 섞자 건강한 쥐의 식사량이 현저히 줄어들어 야위어버린 것이다(그림 43).

한편 만복중추를 파괴한 쥐는 과식과 비만 모두 거의 변화가 보이지 않았다. 이 실험 결과에 통해 하비는 '만복중추가 파괴된 쥐는 혈액 속에 식욕을 억제하는 물질이 늘어난다. 하지만 만복중추가 파괴되었기 때문에 식욕을 억제하는 물질을 뇌에서 감지하지 못해 살이 찐다. 반면 결합된 정상적인 쥐의 만복중추에서는 식욕을 억제하는 물질이 작용해 식욕이 억제된 것이 아닐까'라고 자신의 가설을 조금 수정했다.[7] 당시 고든 C. 케네디가 '몸에 지방이 얼마나 축적되었는지를 만복중추 혹은 섭식중추가 감지해 체중이 유지된다'는 설을 주장했기 때문에 하비는 그 모종의 물질이란 바로 지방세포에서 분비되는 미지의 물질이라고, 즉 지방세포에서 식욕을 억제하는 호르몬이 분비된다고 생각한 것이다.[8]

혈중 포도당과 지방산의 농도에 따라 식욕이 조절된다?

1969년에 오무라 유타카는 식사 후 혈액 속에서 증가하는 포도당을 쥐의 만복중추와 섭식중추에 투여해 만복중추와 섭식중추 속 뉴런의 흥분 상태를 측정했다. 측정 결과, 만복중추의 뉴런은 포도당이 투여되자 흥분하는 반면, 섭식중추의 뉴런은 흥분이 억제되었다. 한편 공복일 때는 혈중 포도당 농도(**혈당치**라고 부른다)가 낮아지는 대신 지방산의 양이 증가한다. 그래서 지방산을 만복중추의 뉴런에 투여하자 흥분이 억제된 반면, 섭식중추의 뉴런은 흥분하기 시작했다. 다시 말해 오무라는 식사 후 혈액 속에서 증가하는 포도당에 따라 포만감을 느끼고 식욕이 억제되며, 공복일 때 혈액 속에서 증가하는 지방산에 따라 공복을 느끼고 식욕이 발생한다고 본 것이다. 이를 정리해 식욕은 지방세포에서 분비되는 미지의 호르몬이 아니라 만복이나 공복상태에 따라 혈액 속에서 증감하는 포도당과 지방산의 농도를 만복중추와 섭식중추의 뉴런이 감지하면서 조절된다고 받아들여졌다.[9]

비만 쥐의 발견 — 미지의 식욕 제어 인자의 발견으로

생물학·의학 연구에 쓰이는 실험용 쥐를 공급하는 시설로 잭슨 연구소가 있다. 1965년, 잭슨 연구소에 갓 부임한 더글러스 L. 콜먼은 건강한 쥐보다 3배 이상 살이 찌는 '비만 쥐'를 우연히 발견했다. 이후 분석한 결과, 이 쥐는 유전자 하나에 문제가 생겨서 살이 쪘다는 사실을 알게 되었다. 따라서 원인을 일으키는 미지의 유전자에 영어로 '비만'을 뜻하는 obese에서 따 ob 유전자(비만유전자)라는 이름을 붙였고, 이 유전자에 변이가 발생한 쥐는 'ob/ob 마우스'라 불렀다. 이후 잭슨 연구소에서는 이 비만 쥐와는 다른 유형의 비만 쥐도 발견되었다. 이 쥐는 건강한 쥐보다 20배 이상 많은 물을 마시고 단내가 나는 소변을 대량으로 누고 있었다. 그래서 검사를 해보니 이 쥐는 당뇨병을 앓고 있었다. 이 쥐 역시 'ob/ob 마우스'와 마찬가지로 하나의 유전자에 문제가 생겼기 때문에 당뇨병이 발생했다는 사실이 밝혀졌다. 그리하여 이 유전자에는 영어로 당뇨병을 뜻하는 diabetes mellitus에서 d와 b를 따서 db 유전자(당뇨병 유전자)라는 이름을 붙였고, 이 유전자에 변이가 발생한 쥐는 'db/db 마우스'라 불렀다.

콜먼은 하비와 마찬가지로 'ob/ob 마우스'와 'db/db 마우스'는 혈액 속에 모종의 호르몬이 부족하기 때문에 비만이나 당뇨병에 걸린다고 생각했다. 그래서 'db/db 마우스'와 건강한 쥐를 개체 결합한 결과, 건강한 쥐는 식욕이 억제되어 굶어 죽었다. 1969년, 콜먼은 'db/

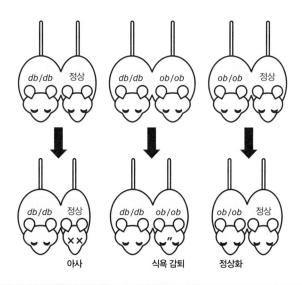

〈**그림 44**〉 콜먼이 실시한 개체 결합 실험

db 마우스'의 혈액 속에는 식욕을 억제하는 호르몬이 존재하지만 그 호르몬을 받아들이는 수용체에 이상이 있기 때문에 뚱뚱해지는 것이라고 보고했다.[10] 이어서 'db/db 마우스'를 'ob/ob 마우스'와 개체 결합하자 'ob/ob 마우스'의 식욕이 억제되어 다소 살이 빠진다는 사실을 발견했다. 또한 'ob/ob 마우스'를 건강한 쥐와 개체 결합하자 'ob/ob 마우스'의 식욕이 정상으로 돌아와 살이 빠진다는 사실도 발견했다(그림 44).[11]

이와 같은 결과를 통해 콜먼은 체중의 증가나 몸의 에너지 상태를 뇌에 전달해 식욕을 억제하는 호르몬이 'ob/ob 마우스'의 혈액 속에는 존재하지 않을 것이라 생각했다. 다시 말해 'ob/ob 마우스'는 식욕을 억제하는 열쇠를 분실한 상태이며, 'db/db 마우스'는 식욕을 억제하는 열쇠가 꽂힐 열쇠구멍에 문제가 생겨서 열쇠가 제대로 꽂히지 않는 상태라고 본 것이다. 하지만 유감스럽게도 콜먼에게는 혈액 속에 존재하며 식욕을 억제하는 이 호르몬과 이 호르몬을 수용하는 수용체의 유전자를 발견해낼 해석 기술이 없었으므로 1991년에 연구의 세계에서 조용히 물러났다.

신참의 과감한 도전 — ob 유전자의 정체가 밝혀지다

1986년, 콜먼의 논문을 참고해 어느 연구자가 식욕을 억제하는 호르몬의 설계도라 생각되는 'ob 유전자'의 DNA 배열을 해독하는 데 도전했다. 콜먼의 꿈을 이루려 한 연구자는 바로 제프리 M. 프리드먼이다. 물론 콜먼은 프리드먼이 자신의 꿈을 이루려 하고 있을 줄은 꿈에도 알지 못했다. 프리드먼의 연구팀은 1994년까지 실험용 쥐 약 1000마리 이상을 이용해서 ob 유전자의 DNA 배열을 해독하는 데 성공했다.[12] 그리고 지방세포는 ob 유전자에서 만들어지는 호르몬을 다량으로 생산한다는 사실을 발견했다. 이제껏 에너지를 저장하는 장소로만 여겨졌던 지방조직이 알고 보니 식욕을 억제하는 호르몬을 분비하는 조직이었다는 발견에 전 세계의 연구자들은 경악을 금치 못했다. 다시 말해 'ob/ob 마우스'는 지방조직에서 식욕을 억제하는 호르몬을 생산하지 못하기 때문에 살이 찌는 것이었다. 이 호르몬이 부족하면 비만이 발생하므로 이 호르몬에는 살을 빠지게 하는 작용이 있다고 받아들여졌다. 따라서 '야위다leptos'라는 그리스어에서 유래해 **렙틴**leptin이라는 이름이 붙여졌다.[13][14]

이후 렙틴은 만복중추 바로 밑에 있는 **궁상핵**이라 불리는 부분에 작용함을 알게 되었다. 한편 'db/db 마우스'는 궁상핵에 존재하는 뉴런의 **렙틴 수용체**에 변이가 발생했다는 사실이 드러났다. 다시 말해 ob 유전자는 렙틴을 만들기 위한 유전자, db 유전자는 렙틴 수용체를 만들기 위한 유전자였던 것이다. 이후의 연구를 통해 궁상핵의 뉴런으로는 식욕 촉진 뉴런(뉴로펩티드 Y^{NPY}, 아구티 관련 펩티드^{AgRP} 생산 뉴런$^{NYP/AgRP}$ 뉴런이라 한다)과 식욕 제어 뉴런(프로오피오멜라노코르틴^{POMC}, 코카인·암페타민 유도 전사 물질^{CART} 생산 뉴런$^{POMC/CART}$ 뉴런이라 한다) 2종류가 있다는 사실이 밝혀졌다. 그리고 두 뉴런 모두 렙틴 수용체를 지니고 있다. 다시 말해 렙틴은 식욕 촉진 뉴런의 흥분을 억제하는 동시에 식욕 억제 뉴런을 흥분시켜서 전체적으로 식욕을 억제하고 있었던 것이다(그림 45).

최근의 연구에 따르면 지방세포는 렙틴뿐 아니라 다양한 생리활성물질을 분비한다고 한다. 건강한 사람의 지방세포에서는 동맥경화를 억제하는 생리활성물질인 **아디포넥틴**adiponectin이 분비되지만 내장지방이 축적된 환자의 경우는 그 분비량이 저하된다는 사실이 알려진 바 있다. 한편 비만일 때는 염증을 일으키는 **종양괴사인자-α**^{tumor}

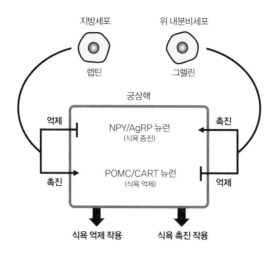

지방세포
렙틴

위 내분비세포
그렐린

궁상핵

억제 ⊣ NPY/AgRP 뉴런
(식욕 증진) ← 촉진

촉진 → POMC/CART 뉴런
(식욕 억제) ⊣ 억제

식욕 억제 작용

식욕 촉진 작용

〈**그림 45**〉 궁상핵의 뉴런에 대한 렙틴과 그렐린의 작용과 식욕에 미치는 영향

necrosis factor-*a*, TNF-*a*의 분비량이 증가한다. 최근에는 내장지방의 증가에 따른 비만은 전신에 염증 반응을 유발한다는 사실도 드러났다. 이 염증 반응이 **대사증후군**metabolic syndrome(고혈당, 고혈압, 혈중 지방 농도가 높은 지질이상증)을 일으키는 원인으로 받아들여지기 시작했다. 렙틴, 아디포넥틴, TNF-*a*와 같이 지방세포에서 분비되는 이들 생리활성물질을 모두 **아디포사이토카인**adipocytokine이라 부른다.

지방세포와 성 호르몬의 예상치 못한 연관성

지방세포가 커지면 **방향화효소**^{aromatase}라 불리는 효소가 지방세포에서 증가한다. 이 방향화효소는 남성 호르몬을 여성 호르몬으로 바꾸는 효소다. 여성은 신장 위에 있는 부신이라 불리는 조직에서 남성 호르몬이 만들어진다. 남성은 정소와 부신에서 남성 호르몬이 만들어진다.

유방암은 여성 호르몬의 작용에 따라 증식하는데, 여성 호르몬이 감소하는 폐경 이후에도 유방암이 발병하는 경우가 있다. 이는 지방세포에서 남성 호르몬이 여성 호르몬으로 바뀌기 때문이다. 특히 비만 여성은 이 작용이 강하기 때문에 유방암에 걸릴 위험성을 낮추기 위해서라도 폐경 후에는 체중 관리에 신경을 쓰는 편이 좋다.

참고로 방향화효소의 기능을 방해하는 물질로 담배에 포함된 니코틴이 있다. 담배를 피우던 남성이 담배를 끊으면 급격하게 살이 찐다는 이야기를 들은 적이 있을 것이다. 이는 담배를 피울 때면 니코틴의 영향으로 방향화효소의 기능이 저하되기 때문에 남성 호르몬이 체내에 많아진다. 따라서 대사량이 높아져 살이 잘 찌지 않는 상태가 된다. 이 상태에서 담배를 끊으면 방향화효소의 기능이 회복되어 여성 호르몬의 농도가 단숨에 증가한다. 이 여성 호르몬은 지방을 체내에 축적하려는 작용이 있기 때문에 담배를 끊으면 식욕이 증가해 살이 찌게 되는 것이다.

반대로 여성이 담배를 피우면 어떻게 될까? 다들 눈치챘으리라 생각된다. 방향화효소의 기능이 저하되기 때문에 체내 여성 호르몬의 양이 감소해 생리불순, 불임, 피부에 기미와 주름이 늘어나는 등 다양한 문제가 발생한다.

식욕을 억제하는 호르몬 렙틴이 '기적의 다이어트 약'으로?

프리드먼이 렙틴을 발견한 뒤, 렙틴이 '기적의 다이어트 약'일 가능성이 있다고 본 미국의 제약기업이 그 특허권을 사들였다. 그리고 프리드먼이 소속된 록펠러 대학교와 하워드 휴즈 의학연구소에 합계 2000만 달러의 계약금을 지불했다. 아마 프리드먼 개인에게도 계약금의 1/4, 다시 말해 500만 달러가 분배되었을 것이라 한다.

이 렙틴이 정말로 '기적의 다이어트 약'으로 시중에 판매되었을까? 유감스럽게도 정답은 '아니요'다. 알고 보니 렙틴 혹은 렙틴 수용체의 유전자에 변이가 발생한 사람, 다시 말해 혈액 속에 렙틴이 적거나 렙틴 수용체가 기능하지 않아서 살이 찌는 사람은 전 세계를 뒤져보아도 극히 드물었던 것이다.[15] 오히려 대다수의 비만 환자들은 혈중 렙틴 농도가 건강한 사람보다도 훨씬 높았다. 다시 말해 비만 환자는 식욕을 억제해야 하는 렙틴이 혈중에 고농도로 존재함에도 불구하고 식욕을 억제하지 못해 과식으로 살이 찐다는 뜻이다. 결국 비만 환자에게 렙틴을 주사해봐야 식욕을 억누르지 못한다. 따라서 렙틴은 '기적의 다이어트 약'이 되지 못했다.

어째서 혈액 속에 렙틴이 고농도로 존재하는데도 식욕이 억제되지 않는 것일까? 이 모순은 '렙틴 저항성'이라 불린다. 자세한 구조에 대해서는 아직 해명되지 않았으나, 비만일 때는 식사 전과 후의 혈중 렙틴 농도에 별다른 변화를 찾아볼 수 없게 되므로 체중 조절 기구가 제대로 기능하지 않아서 체중이 꾸준히 늘어나게 되는 것으로 보인다. 따라서 렙틴은 '배가 부르면 지방세포에서 분비되어 식욕을 억제하는 호르몬'이라기보다 '공복일 때 지방세포에서 분비를 멈추어 뇌에게 공복임을 전달하는 호르몬'으로 받아들여지기 시작했다.

뜻밖의 장기에서 발견된 식욕 촉진 호르몬

그렇다면 식욕을 촉진시키는 호르몬은 존재할까? 1999년, 고지마 마사야스와 간가와 겐지는 위가 텅 비었을 때 위에서 혈액으로 분비되는 호르몬을 발견했다.[16] 처음 이 호르몬을 발견했을 때는 주로 뇌하수체에 작용해 성장 호르몬의 분비를 강하게 촉진시키는 기능을 한다고 여겼다. 위에서 분비되는 이 호르몬에는 '성장 호르몬의 분비를 촉진시키는 펩티드 호르몬growth hormone-releasing peptide'이라 해서 '그렐린 ghrelin'이라는 이름이 붙었다. 그렐린은 성장 호르몬의 분비를 촉진시킬 뿐 아니라 궁상핵의 식욕 촉진 뉴런을 흥분시키는 동시에 식욕 억제 뉴런의 흥분을 잠재워서 전체적으로 식욕을 촉진시킨다. 궁상핵의 식욕 촉진·식욕 억제 뉴런에는 렙틴과 그렐린의 수용체가 존재하기 때문에 온몸의 에너지 상태를 감지할 수 있는데, 여기서 얻은 정보를 섭식 중추에 전달해 식욕을 조절하는 것이다(그림 45).

현재는 렙틴과 그렐린뿐 아니라 만복 상태인지 공복 상태인지에 따라 혈액 속에서 늘어나고 줄어드는 포도당과 지방산 역시 식욕 조절에 관여한다는 사실이 밝혀진 바 있다. 식욕은 우리가 살아가는 데 반드시 필요하다. 식욕이 없으면 우리는 굶어 죽게 되므로 살아가기 위해 이중, 삼중으로 식욕을 조절하는 기구가 존재하는 것이다.

당뇨병과 인슐린의 발견

갈증, 빈뇨·다뇨증을 일으키는 **당뇨병**은 일찍이 기원전 1세기부터 알려져 있었다. 하지만 인슐린이 발견되기 전까지 당뇨병에 대한 근본적인 치료법은 없었으므로 최종적으로는 혼수상태에 빠져 죽게 되는 불치의 병이었다.

1869년, 파울 랑게르한스는 췌장의 구조를 광학현미경으로 관찰하던 중, 소화액을 분비하는 췌장의 세포 안에서 섬처럼 떠 있는 '세포 덩어리'를 발견했다. 이 세포 덩어리는 췌장 안에 떠 있는 섬처럼 보이기 때문에 **랑게르한스섬**Langerhans islets이라는 이름을 붙였다. 참고로 췌장 하나 안에는 랑게르한스섬이 약 100만 개 이상 존재한다. 당시 이 랑게르한스섬은 소화액을 분비하는 세포의 집합체라 여겼다.

1889년, 오스카 민코프스키는 건강한 개에게서 췌장을 제거하면 개가 배설한 소변에 파리가 꼬이기 시작한다는 사실을 발견했다. 그래서 그 개의 소변을 분석해보니 당이 다량 포함되어 있었다. 다시 말해 췌장의 기능과 당뇨병의 연관성이 드러난 것이다.

토론토 대학교의 졸업생이자 정형외과 개업의였던 프레데릭 G. 밴팅은 췌장과 십이지장을 잇는 관인 주췌관이 막히면 소화액이 분비되지 않는다는 사실을 알아냈다. 그래서 밴팅은 주췌관을 묶으면 소화액을 생산하는 췌장의 세포는 파괴되지만 랑게르한스섬은 파괴되지 않으니 혈당치를 낮추는 물질을 췌장에서 추출할 수 있으리라 생각했고, 동물 실험에 이 발상을 적용해보고 싶어졌다. 1920년, 밴팅은 토론토 대학교의 존 J.R. 매클라우드에게 자신이 생각해낸 실험 발상을 털어놓으며 매클라우드의 실험실에서 실험을 하게 해 달라고 부탁했다. 당초 매클라우드는 밴팅의 요청에 마음이 내키지 않았다. 하지만 결국 밴팅의 열의에 마음이 꺾인 매클라우드는 자신이 여름휴가로 8주 동안 스코틀랜드로 돌아가 있는 동안 실험실과 실험용 개 10마리를 내주었고, 젊은 대학원생인 찰스 H. 베스트를 조수로 붙여주었다.

1921년 5월 17일부터 실험을 시작해 8주라는 약속된 날짜를 넘긴 1921년 7월 27일, 밴팅과 베스트는 주췌관을 묶은 개에게서 췌장을 꺼냈고, 그 췌장에 생리식염수를 넣고 으깬 뒤 그 용액을 거름종이에 거른 다음 당뇨병에 걸린 개에게 주사했다. 그러자 당뇨병에 걸린 개의 혈당치가 건강한 개와 동일한 수치까지 낮아졌다. 다시 말해 췌장에는 혈당치를 낮추는 호르몬이 존재한다는 사실이 증명된 것이다. 밴팅은 혈당치를 낮추는 이 호르몬에 '섬island에서 분비되는 호르몬'이라는 의미로 '아일레틴'이라는 이름을 붙였다. 하지만 라틴어식으로 '섬insulae'을 읽는 편이 낫겠다는 매클라우드의 조언에 따라 **인슐린**insulin이라고 부르게 되었다.

밴팅과 베스트가 췌장에서 추출한 인슐린은 유감스럽게도 혈당치를 낮추는 작용이 약한데다 다양한 소화효소가 함유되어 있었기 때문에 인간에게 투여하기에는 너무나도 위험했다. 하지만 밴팅과 베스트는 불순물이 포함된 이 인슐린을 매클라우드의 허락 없이 인간에게 투여하는 임상실험을 시작하려 했다.

이 상황을 우려한 매클라우드는 당뇨병 환자에게 인슐린을 투여하기 위해서라도 순도 높은 인슐린이 대량으로 필요하다는 생각에 제임스 B. 콜립에게 인슐린을 정제해 달라고 부탁했고, 콜립은 멋지게 인슐린을 정제하는 데 성공했다. 인슐린이 발견되고 겨우 1년이 지난 1922년, 인슐린이 분비되지 않아 발생하는 당뇨병—1형 당뇨병—에 걸려 빈사상태에 빠진 14세의 레너드 톰슨에게 세계 최초로 인슐린이 주사되었고, 톰슨은 목숨을 건졌다. 이러한 인슐린의 발견과 당뇨병 치료법의 확립이라는 성과로 밴팅과 매클라우드는 인슐린을 발견한 후 2년이라는 이례적인 속도로 1923년에 노벨생리학·의학상을 수상했다. 하지만 유감스럽게도 노벨상 시상식에 두 사람의 모습은 없었다. 밴팅은 인슐린을 최초로 발견한 자신과 실험을 도와준 베스트가 노벨상을 받아야 마땅하다고 생각하고 있었다. 하지만 실제로는 실험실을 빌려주었을 뿐인 매클라우드와 공동으로 수상하게 되자 격분했기 때문이라고 한다. 한편 매클라우드는 밴팅이 순도가 낮은 인슐린을 인체에 투여하는 임상실험을 무단으로 실시하려 했다는 사실에 크게 분노했을 뿐만 아니라, 주변 사람들에게 콜립이 없었다면 인슐린을 대량으로 정제하고 인간에게 투여하는 실험은 성공하지 못했을 것이라는 이야기를 하고 다녔다. 참고로 밴팅은 노벨상 상금을 베스트와 나누었고, 매클라우드는 콜립과 나누어 가졌다.

절교를 선언한 두 사람이지만 밴팅, 베스트, 콜립은 당뇨병 치료약으로 인슐린을 특허받아 막대한 부를 거머쥘 기회가 있었지만, 인슐린에 관한 모든 특허권을 단 1달러에 토론토 대학교에 양도했다. 물론 특허권을 보유한 토론토 대학교는 많은 기업에서 막대한 특허 사용료를 받았지만 밴팅, 베스트, 콜립은 전혀 불만을 표하지 않았다. 가장 큰 공을 세운 밴팅이 "이 특허는 오로지 타인에게 선점당하지 않기 위함이다. 상세한 추출법이 공표된다면 누가 추출물을 만들어내든 자유지만, 이익을 얻기 위한 독점권을 취득하는 것은 허용하지 않겠다"라는 말을 남겼다고 전해진다. 다시 말해 밴팅은 의학에 관한 발견과 발명은 특허를 내서는 안 되며, 의사라면 더더욱 특허에 관여해선 안 된다고 생각한 것이다. 그 덕분에 당뇨병 환자는 인슐린 주사라는 최신 당뇨병 치료를 저렴한 비용으로 받을 수 있게 되었다.

이후 밴팅과 콜립은 서로의 연구 성과를 칭찬했다고 한다. 하지만 1941년 2월 20일, 밴팅을 태운 비행기는 뉴펀들랜드섬에 추락했고, 이튿날, 밴팅은 그대로 불귀의 객이 되고 말았다. 이때 그의 나이 49세였다. 참고로 여행 전날 밤을 함께 보냈던 인물은 콜립이었다고 한다. 인생이란 어디서 무슨 일이 벌어질지 모르는 일이다.

 호르몬의 심화 강의 **인슐린에 따른 혈당농도의 조절 구조**

공복일 때 인간의 혈액 속에는 평상시 포도당이 약 80~100mg/dL 있다. 참고로 청량음료에 함유된 포도당은 약 11g/dL로, 혈중 포도당의 약 110배인 셈이다. 80~100mg/dL이라는 매우 좁은 범위 안에서 혈당이 일정한 상태로 유지되는 이유는 지금껏 언급해온 혈당을 낮추는 인슐린이나 랑게르한스섬의 a세포에서 분비되어 혈당을 높이는 작용을 하는 글루카곤glucagon, 부신수질에서 분비되는 아드레날린, 부신피질에서 분비되는 코티솔cortisol이 적절한 타이밍에 적절한 양으로 분비되기 때문이다.

인슐린은 랑게르한스섬의 β세포에서 분비된다. 이 인슐린은 혈중 포도당을 근육이 사용할 수 있게 해줄 뿐 아니라 혈액 속에 잉여 포도당을 글리코겐glycogen이라는 형태로 간에 저장시키고, 또한 잉여 포도당을 중성지방의 형태로 지방조직에 저장시켜서 혈당을 낮

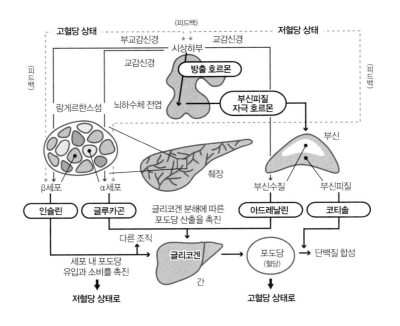

〈그림 46〉 혈당 농도의 조절 구조

춘다. 다시 말해 인슐린은 몸속에 남아도는 에너지를 낭비하지 않 게끔 해주는 '절약 호르몬'인 셈이다.

혈당을 낮추는 호르몬은 오로지 인슐린뿐이다. 반면 혈당을 높 이는 호르몬은 글루카곤, 아드레날린, 코티솔 등 다양하다. 구체적 으로 글루카곤, 아드레날린은 간 등의 세포에 작용해 글리코겐을 포도당으로 분해하는 반응을 촉진시킨다. 한편 코티솔은 단백질에 서 포도당을 합성하는 반응을 촉진시킨다(그림 46). 이러한 작용에 따라 혈당이 상승한다.

이는 아주 먼 옛날, 인간이 식사를 만족스럽게 하지 못해 항상 굶주려 있었다는 사실이 원인으로 보인다. 기아 상태에서는 혈당이 떨어지기 쉬우므로 몸에 비축된 에너지를 신속하고도 효율적으로 사용할 수 있는 형태를 취해야, 다시 말해 혈당을 빠르게 높여야 했다. 그때에는 지나친 과식 때문에 혈당이 과도하게 상승해서 문제가 발생할 상황은 거의 없었다. 따라서 혈당을 적극적으로 낮출 필요도 없었을 테니 혈당을 낮추는 호르몬은 인슐린 하나면 충분했으리라. 반대로 말하자면 혈당을 낮추는 호르몬은 인슐린밖에 존재하지 않으므로 β세포에서 인슐린이 분비되지 않거나, 인슐린의 분비량이 줄어들거나, 혹은 인슐린이 분비되더라도 간이나 근육이 인슐린에 반응하지 않으면 혈액 속 포도당이 세포 내부에 제대로 흡수되지 않기 때문에 혈당치가 떨어지지 않아 고혈당 상태가 유지된다. 이를 두고 당뇨병에 걸린 상태라고 말한다.

당뇨병의 종류

당뇨병은 2가지 유형으로 나눌 수 있다. 자신의 면역세포가 β세포를 공격하는 바람에 β세포가 파괴되어 인슐린이 분비되지 못해 발생하는 **1형 당뇨병**과 인슐린의 분비량이 줄어들거나 인슐린의 작용이 약해져서 발생하는 **2형 당뇨병**이다. 1형 당뇨병의 경우는 식후에 인슐린을 직접 주사해 혈당치를 정상 범위로 조절해야 한다. 한편 2형 당뇨병은 인슐린은 분비되지만 체내에서 인슐린의 작용을 억제하는 물질, 이를테면 지방세포에서 분비되는 다양한 아디포사이토카인이 증가한 탓에, 인슐린이 분비되더라도 간이나 근육에서 혈중 포도당을 흡수하지 못하게 되어 인슐린의 작용이 약해지는 증상인 인슐린 저항성이 발생한다. 인슐린 저항성이 발생하면 β세포는 혈당치를 낮추기 위해 열심히 인슐린을 분비한다. 그 결과 β세포는 녹초가 되고, 따라서 인슐린의 분비량이 감소하고 만다. 그리고 혈당치는 계속 상승해 당뇨병 증상이 악화되는 악순환에 빠진다. 이와 같은 2형 당뇨병은 일본 당뇨병 환자의 약 90%를 차지하는데, 불규칙적인 식생활이나 운동 부족 등으로 발생하기 때문에 **생활습관병**의 대표주자로 불린다.

소장에서 분비되는 호르몬과 인슐린의 뜻밖의 관계

음식물을 섭취하면 혈당치가 상승하고, 그 결과 혈당치를 낮추기 위해 췌장의 β세포에서 인슐린이 분비된다는 사실을 배웠다. 이 β세포에서 분비되는 인슐린 양을 더욱 증가시키는 호르몬이 있다. 바로 소화관 내분비세포에서 분비되는 인크레틴incretin이라 호르몬이다.

인크레틴에는 글루코스 의존성 인슐린 분비 자극 폴리펩티드

glucose-dependent insulinotropic polypeptide, GIP와 글루카곤 유사 펩티드-1glucagon-like peptide-1, GLP-1, 2종류가 있다. GIP는 소장의 위쪽 부분인 십이지장이나 공장空腸에 존재하는 K 세포에서 분비된다. 한편 소장의 아래쪽에 존재하는 L 세포에서는 GLP-1이 분비된다. 특히 이 GLP-1은 인슐린의 분비를 한층 촉진시킬 뿐 아니라 인슐린을 지속적으로 분비하다 지쳐버린 β세포의 기운을 북돋워주는 작용도 한다. 참고로 GLP-1은 혈당치가 낮을 때나 정상적일 때에는 인슐린을 분비하게 하지 않는다. 다시 말해 GLP-1은 인슐린을 분비하는 β세포를 응원해 한층 더 많은 인슐린을 분비하게 해주는 작용을 하는 셈이다.

이 K 세포와 L 세포의 세포 표면에는 음식물에 함유된 온갖 물질을 감지하는 센서(수용체)가 있다. 즉, K 세포와 L 세포는 장에 어떠한 물질이 도착했는지 감지해 혈액 속에 인크레틴을 분비하고, 인크레틴은 β세포에 작용해 인슐린의 분비를 촉진시킨다. 또한 인크레틴은 소화관 내부에 펼쳐져 있는 **미주신경**에도 작용한다. 이 미주신경이라는 이름의 유래는 뇌에서 경부, 흉부, 복부의 내장, 심장, 혈관까지 신경이 광범위하게 뻗어 있는 모습이 마치 체내를 미주●하는 것처럼 보이기 때문이라는 설이 있다. 이 미주신경은 뇌에서 식욕을 억제하는 부분과 연결되어 있기 때문에 인크레틴의 분비에 따라 식욕이 억제된다. 또한 인크레틴에는 위의 움직임을 억눌러서 장으로 운반되는 음식

● 정해진 길 이외로 달린다는 뜻.

물의 양을 줄이고 몸에 흡수되는 영양소의 양을 줄이는 작용도 있다. 이처럼 인크레틴은 혈당을 낮추기 위해 사방팔방으로 활약하고 있다. 참고로 내 연구실에서는, L 세포의 세포 표면에 아미노산(L-오르니틴이나 L-글루타민)이나 지질(리소인지질)을 감지하는 수용체가 있어, 음식물에 함유된 아미노산이나 지질을 감지하고 GLP-1을 분비해서 식욕을 억제하는 작용이 있음을 발견했다.[17][18]

이 GLP-1이나 GIP는 혈액 속에 존재하는 효소인 디펩티딜펩티드 가수분해효소-4 dipeptidyl peptidase-4, DPP-4에 빠르게 분해되기 때문에, GLP-1이나 GIP가 혈액 속에 존재할 수 있는 시간은 약 2~5분 정도로 알려져 있다. 따라서 GLP-1이나 GIP가 인슐린 분비를 촉진시키는 작용은 그리 오래가지 않는다.

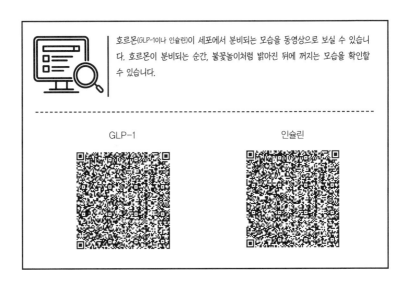

호르몬(GLP-1이나 인슐린)이 세포에서 분비되는 모습을 동영상으로 보실 수 있습니다. 호르몬이 분비되는 순간, 불꽃놀이처럼 밝아진 뒤에 꺼지는 모습을 확인할 수 있습니다.

GLP-1

인슐린

장내세균과 호르몬 분비의 밀접한 관계

우리의 몸은 약 200종류 이상의 세포가 37조 개 이상 모여서 이루어져 있다. 우리의 소화관 안에는 이를 거뜬히 뛰어넘는 약 100조 개, 약 100종류가 넘는 가지각색의 장내세균이 존재한다. 현미경으로 장을 관찰하면 이 장내세균이 꽃밭^{flora}처럼 보인다 해서 '장내 플로라' 혹은 **장내세균총**(총은 꽃이 무리지어 피어 있는 곳을 의미)이라 한다. 그런데, 어째서 소화관 안에는 이토록 다양한 장내세균이 있는 것일까?

2006년, 제프리 I. 고든의 연구팀은 비만 쥐와 정상적인 쥐는 장내세균총이 다르게 형성되어 있음을 발견했다. 그래서 장내세균이 존재하지 않는 무균 상태로 사육한 실험용 쥐에게 비만 쥐의 장내세균총과 정상적인 쥐의 장내세균총을 각각 이식했다. 그 결과, 비만 쥐의 장내세균총을 이식받은 쥐는 체지방이 약 50%나 증가했다. 반면 정상적인 쥐의 장내세균총을 이식받은 쥐에게서는 아무런 변화도 일어나지 않았다.[19] 계속해서 연구를 진행한 고든은 비만인 부모에게서 태어난 쌍둥이 중 한쪽은 비만, 다른 한쪽은 마른 사람들을 모아 장내세균총의 상태를 분석했다. 그러자 비만인 아이는 부모와 유사하지만 마른 아이는 부모와 다른 형태의 장내세균총이 형성되어 있다는 사실을 2009년에 발견했다.[20] 그리고 2013년, 결정적인 실험을 했는데 비만인 사람과 마른 사람의 장내세균총을 무균 상태로 사육한 쥐에게 이식했다. 그러자 비만인 사람의 장내세균총은 쥐를 비만으로 만들었고, 마른 사람의 장내세균총은 쥐를 마르게 했다. 이어서 두 쥐를 같은 사육장 안에서 사육해 대변을 통해(쥐는 영양분이나 장내세균총을 보충하기 위해 대변을 먹는 경우가 있다) 장내세균총을 교환하게 하자 비만 쥐의 장내세균총이 마른 쥐의 장내세균총으로 변해 비만 쥐는 살이 빠졌다.[21] 이러한 실험 결과는 장내세균총이 만들어내는 어떠한 물질이 몸의 대사 상태에 영향을 미친다는 사실, 그리고 몸에는 이러한 물질을 감지하는 모종의 구조가 있음이 시사했다.

우리 인간은 식이섬유를 분해하지 못한다. 이 식이섬유를 분해해주는 존재가 바로 장내세균이다. 장내세균은 식이섬유를 분해해 아세트산, 뷰티르산, 프로피온산 등의 단쇄지방산을 만들어낸다. 이러한 단쇄지방산은 혈액에 일부 흡수되어 몸속을 순환한다. 단쇄지방산(탄소수가 6개 이하인 지방산)은 저분자이기 때문에 잘 날아가며 불쾌한 냄새가 난다. 은행에서 나는 냄새는 바로 뷰티르산이다. 여담이지만 대변의 냄새는 인돌indole이라는 물질인데, 사실은 오렌지 꽃이나 재스민에도 함유되어 있다. 인돌의 양이 많으면 똥냄새로 느껴지지만 농도가 옅으면 향긋한 꽃향기처럼 느껴진다니 우리의 후각은 참으로 신기하다.

이후의 연구를 통해 우리 인간의 세포에는 단쇄지방산을 감지하는 수용체가 존재한다는 사실이 밝혀졌다. 2011년, 피오나 그리블의 연구팀은 GLP-1을 분비하는 소장의 L 세포에 단쇄지방산 수용체 GPR43 수용체(주로 아세트산과 프로피온산을 감지한다)가 존재하며, L 세포가 소장 내부에 존재하는 단쇄지방산을 감지해 GLP-1을 분비한다는 사실을 발견했다.[22] 또한 아직 구체적인 물질명은 밝힐 수 없지만 내 실험실에서는 장내세균총이 만들어내는 어떠한 물질(대사산물이라 불린다)이 GLP-1을 분비시키는 것을 알아냈다. 한편 키나quina라는 나무의 껍질에 존재하며 쓴맛이 나는 물질인 키니네나 특정한 장내세균 대사산물은 반대로 GLP-1의 분비를 억제함을 알아냈다.[23][24] 이러한 사실을 통해 장내세균총에서 생성되는 다양한 대사산물이 GLP-1의 분비를 유발 혹은 억제해 식욕을 조절할 가능성이 드러나기 시작했다.

아직은 동물 실험 단계지만 비만이나 대사증후군이 걱정되는 사람은 식사량을 줄이는 것은 물론, 장내세균총이 단쇄지방산이나 GLP-1의 분비를 촉진시키는 장내세균 대사산물을 만들어내기 쉽도록, 예를 들어 식이섬유가 많이 포함된 채소(우엉, 양파, 아스파라거스, 콩 등)를 섭취하는 편이 좋겠다.

당뇨병과 운동

건강검진 등에서 당뇨병 증상이 발견되면 운동을 하거나 식단을 재검토하라는 의사의 말을 듣게 된다. 여러분은 운동을 통해 식사로 섭취한 칼로리를 소비할 수 있으며, 그 결과 당뇨병이나 비만 상태가 개선된다고 믿는가. 체중 70kg인 남성이 시속 4km(일반적인 빠르기)로 20분

동안 걸었을 경우 소비되는 칼로리는 65kcal, 테니스를 20분 동안 쳤을 경우에는 170kcal, 시속 20km로 20분 동안 자전거를 탔을 때는 180kcal가 소비된다. 참고로 보통 크기(140g)의 밥 한 공기는 235kcal다. 이쯤 되었으면 다들 눈치챘겠지만, 가벼운 운동으로는 밥 한 공기 분량의 칼로리조차 소비할 수 없다(!). 이렇듯 운동만으로 살을 빼기란 무척 어려운 일이므로 살을 빼려면 식단을 재검토해 섭취 칼로리양을 줄이는, 다시 말해 다이어트를 할 수밖에 없다. 그렇지만 운동을 하면 당뇨병뿐 아니라 생활습관병, 고혈압, 비만 등의 증상이 개선된다. 그렇다면 운동은 어떻게 이러한 증상을 개선시켜주는 것일까?

운동을 하면 온몸의 근육이 사용되고, 근육에서 소비된 에너지를 보급하기 위해 심장이나 혈관이 기능한다. 그 결과, 심장이나 혈관, 나아가서는 근육에서 다양한 호르몬이 분비된다. 조금 전에 언급했듯 심장에서는 혈관을 확장하거나 신장에서 염분을 배설케 하는 심방성 나트륨 이뇨 펩티드가, 근육에서는 인터루킨-6[interleukin-6, IL-6]가 분비된다. 이 IL-6는 간이나 지방조직에 작용해 지방을 이용하도록 촉진시킬 뿐 아니라[25] 소장의 내분비세포에도 작용해 GLP-1의 분비를 촉진시켜 혈당치를 낮춘다.[26] 이처럼 운동을 하면 다양한 호르몬이 분비되기 때문에 생활습관병의 증상을 개선시키는 데 효과가 있는 것이다.

근세포 내부에는 근육을 수축시킬 때 쓰이는 에너지원인 **아데노신 3인산** adenosine triphosphate, ATP이 다량으로 저장되어 있다. 염기의 일종인 아데닌[adenine]에 당의 일종인 리보스[ribose]가 결합한 아데노신이라는 물질에 3개의 인산이 결합한 것이 바로 ATP다(그림 47). 근육을 수축시키면 근세포 안에서는 ATP의 인산들이 이루고 있는 고에너지 인산결합이 끊어지게 되고, ATP는 **아데노신 2인산**adenosine diphosphate, ADP과 인산으로 분해된다. 이때 다량의 에너지가 방출되는데, 근세포는 이 에너지를 이용해 수축한다. 그리고 근수축이 계속되면 인산을 2개 잃은 **아데노신 1인산**adenosine monophosphate, AMP이 근세포 내부에 축적되고, 근세포는 저에너지 상태에 빠진다.

참고로 반딧불이가 지닌 발광물질인 루시페린은 ATP의 에너지를 빛으로 바꾸어서 발광한다. 이 루시페린을 이용하면 어디에 ATP가 있는지를 빛으로 찾아낼 수 있다. 또한 ATP는 모든 생물에 공통적으로 존재하는 물질이기에 루시페린은 세균이나 진균이 지닌 ATP에도 반응해 빛을 낸다. 이 성질을 이용해, 예를 들어 의료기구나 조리기구에 루시페린을 뿌려서 만약 빛이 검출된다면 해당 의료기구 혹은 조리기구가 미생물에 오염되어 있다는 사실을 간편하면서도 정확하게 찾아낼 수 있다.

다시 이야기를 되돌려, 근세포가 저에너지 상태에 빠지고 근세포 내부에 AMP가 축적되면 세포 내부의 에너지 상태를 감시하는 인산화효소인 **AMPK**AMP-activated protein kinase가 세포 내부에 에너지가 부족해지기 시작했음을 감지하고 스위치를 킨다. 다시 말해 AMPK가 활성화된다는 뜻이다. 활성화된 AMPK는 에너지를 만들어내는 원재료인 포도당이 근세포로 유입되게끔 촉진시키거나 근세포 내부에 존재

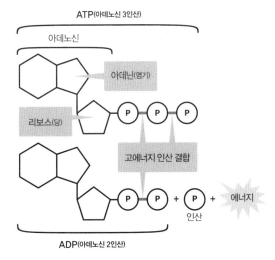

ATP(아데노신 3인산)

아데노신

아데닌(염기)

리보스(당)

P P P

고에너지 인산 결합

P P + P + 에너지

인산

ADP(아데노신 2인산)

〈그림 47〉 ATP와 ADP

하는 또 다른 원재료인 지방을 분해해 에너지를 만들어낸다. 한편으로는 에너지를 대량으로 소비하는 단백질 생산을 중지시킨다. 운동을 하면 인슐린이 존재하지 않더라도 근세포에 포도당이 유입된다. 이는 다시 말해 운동만 해도 혈당을 낮출 수 있다는 뜻이다. 정기검진 등에서 당뇨병 증상이 발견되면 운동을 권하는 이유다.

이쯤 해서 눈치 빠른 사람은 벌써 알아차렸을지도 모르겠다. '약으로 AMPK를 직접 활성화시킬 수 있다면 당뇨병이나 고혈압, 비만 증상이 개선되지 않을까?'라고 생각하지는 않았는가. 2017년, 제약기업이 새로이 개발한 화합물(MK-8722)을 쥐와 원숭이에게 투여하자 근세포에 포도당이 유입되어 혈당치가 저하되었다는 보고가 미국의 과학 잡지인 〈사이언스Science〉에 실렸다.[27] 이는 화합물을 투여해 인슐린의 분비가 촉진되었기 때문에 혈당치가 낮아졌다는 말이 아니다. 운동에 따른 혈당치 저하 작용을, 화합물을 섭취해 모방할 수 있다는 것을 의미한다. 다시 말해 이 화합물을 섭취하면 운동을 하지 않더라도 운동을 했을 때와 동일한 결과를 얻게 된다는 뜻이다. 하지만 이 화합물을 섭취하면 심장이 커지는 심근비대를 야기한다는 문제가 있다. 한편으로 거의 같은 시기에 다른 제약회사에서도 AMPK를 활성화시키는 화합물이 보고되었으나, 이쪽은 장기간 복용하면 약의 작용이 사라진다는 문제가 있었다.[28] 로마는 하루아침에 이루어지지 않았다는 말이 있듯이 운동 대신에 약을 먹어서 당뇨병이나 생활습관병을 쉽게 다스리려고 생각해서는 안 될 듯하다.

잘 알려지지 않았지만 중요한 기관 — 갑상선

잡지나 텔레비전을 보면 '나이를 먹으면 떨어지는 기초대사를 높여주는 건강보조식품', '집에서도 기초대사를 높일 수 있는 운동과 스트레칭 방법', '다이어트에 필요한 기초대사를 높이는 방법' 등, 대사와 관련된 온갖 정보가 흘러나온다. 또한 기초대사를 높이는 효능이 강조된 다양한 건강보조식품의 CM이나 광고도 눈에 띈다. 기초대사란 아무것도 하지 않고 가만히 있더라도 생명활동을 유지하기 위해 생체가 소비하는 에너지의 양을 의미한다.

이 기초대사의 정도를 조절하는 물질이 바로 갑상선에서 분비되는 갑상선 호르몬이다. 혈액 속을 순환하는 갑상선 호르몬은 대부분 티록신[T₄]이지만 생리작용은 트리아이오딘티로닌[T₃]이 더 강하다.

나이를 먹음에 따라 몸이 무거워지고 쉽게 지치며 빈혈과 변비 등의 증상이 발생하기 쉬워진다. 나이 탓이라고 무시하기 쉬운 증상이지만 사실은 갑상선에서 분비되는 갑상선 호르몬의 양이 줄어들면서 발생하는 현상이다. 또한 여성의 경우는 앞서 언급된 증상 외에도 부기, 나른함, 무기력증 등의 증상도 발생하기 쉬워진다. 이처럼 갑상선 호르몬의 분비량이 저하된 상태를 **갑상선 기능 저하증**이라 부르며, 그 대표적인 질병으로 **하시모토병**이 있다. 하시모토병이란 오류를 일으킨 자신의 면역세포가 갑상선을 공격해 갑상선에서 만성적인 염증 반응이 발생하게 되고, 시간의 경과와 함께 갑상선이 파괴된 결과 갑상선의 기능이 서서히 저하되는 **자가면역질환** 중 하나다. 인구 10만 명 중 약 80명꼴로 발병한다고 하며 일본에는 10만 명이 넘는 사람이 이 질병에 걸렸을 것으로 추정되니 결코 희귀한 질병은 아니다. 참고로 아이오딘은 해조류 전반에 함유되어 있으나 지나치게 많이 섭취하면 갑상선 호르몬의 분비량이 줄어드는 경우가 있다. 특히 하시모토병 환자는 다시마나 톳 등의 식품을 삼가는 편이 좋다고 한다. 또한 아이오딘이 함유된 가글액도 주의가 필요하다.

갑상선 기능 저하증은 나이 든 사람과 관련된 질병이라 생각하기 쉽지만 사실은 최근 들어 청년층에서도 늘어나고 있는 질병이다. 갑상선 호르몬의 분비량이 적으면 불임이나 유산, 조산, 임신성 고혈압 증후군을 일으킬 위험성이 있다. 젊은 사람이라도 쉽게 살이 찌고 졸음이 몰려온다거나, 피부가 쉽게 건조해지고 추위를 잘 타게 된다거나 변비에 걸리는 등의 증상이 생겼을 경우, 아니면 지금까지는 건강검진에서 혈중 콜레스테롤 수치가 정상이었음에도 어느 순간 갑자기 수치가 상승했을 경우(갑상선 호르몬의 분비량이 감소하면 스테로이드 호르몬이나 세포막의 원료인 콜레스테롤을 제대로 사용하지 못하게 되므로 혈중 콜레스테롤 수치가 증가한다)에는 병원에서 갑상선 검사를 한번 받아보는 편이 좋다.

반대로 갑상선 호르몬이 과도하게 분비되는 질병도 있다. **갑상선 기능 항진증**이라 불리며 대표적으로는 **그레이브스병**이 있다. 사실 이 질환은 1835년에 영국의 그레이브스, 1840년에 독일의 바제도가 각각 발견했기 때문에 영어권에서는 그레이브스^{Graves}병, 독일어권에서는 바제도^{Basedow}병이라 불린다. 클레오파트라가 그레이브스병 환자였다는 견해도 있다.

뇌의 시상하부에서는 갑상선 호르몬을 분비시키기 위한 호르몬(**갑상선 자극 호르몬** thyroid stimulating hormone, TSH)이 분비된다(그림 38). 갑상선에서는 TSH를 받아들이는 수용체인 TSH 수용체가 존재한다. TSH가 TSH 수용체와 결합하면 갑상선에서 갑상선 호르몬이 분비된다. 그레이브스병 환자에게서는 TSH 수용체와 결합하는 항체인 자가항체^{TSH} receptor antibody(TRAb이라 불린다)가 만들어진다. TSH 수용체를 열쇠구멍,

TSH를 열쇠로 본다면 자가항체 TRAb는 복제 열쇠라고 볼 수 있다. 다시 말해 그레이브스병 환자의 경우는 열쇠인 TSH 대신에 복제 열쇠인 자가항체가 열쇠구멍인 TSH 수용체에 작용해 갑상선 호르몬을 계속해서 분비시킨다는 뜻이다. 치료법으로는 갑상선 호르몬의 합성을 방해하는 약을 복용하는 방식이 가장 보편적이다.

갑상선 호르몬이 지속적으로 분비되면 에너지 대사가 높아져서 체온이 상승하고 식욕이 왕성해진다. 그럼에도 살이 빠지기 시작하며 설사 증상도 나타난다. 갑상선 호르몬은 심장에도 작용해 맥박을 빠르게 하고 혈압을 높인다. 그 결과, 심부전으로 사망하는 경우도 있다. 그레이브스병 환자는 눈이 돌출된다. 자신이 여성이고 최근 살이 빠지기 시작했으며 몸이 조금 뜨겁고 살짝 눈이 튀어나왔다 느껴진다면 갑상선에 어떠한 문제가 생겼을지도 모르니 병원을 찾아가 한번 갑상선 검사를 받아보는 편이 좋을 것이다.

호르몬에 따라 애착이 정해진다?

겨우 아미노산 9개가 연결되어 생겨난 호르몬인 **옥시토신**은 뇌 시상하부의 **실방핵**이라 불리는 부분에서 만들어져 혈류를 타고 온몸으로 운반된다. 이 옥시토신은 분만 시 자궁을 수축시키거나 유선을 자극해 모유 분비를 촉진시킨다. 실제로 옥시토신은 자궁 수축제나 진통 촉진제로서 이용되기도 한다. 참고로 분만이나 수유 시에 필요한 옥시토신은 여성뿐 아니라 남성에게서도 만들어진다.

시상하부에서는 바소프레신이라는 호르몬도 생산된다. 바소프레신은 옥시토신과 마찬가지로 아미노산 9개가 연결된 호르몬인데, 옥시토신과는 고작 2곳의 아미노산이 다를 뿐이다. 앞서도 언급했지만 옥시토신과 달리 바소프레신은 혈관을 수축시켜 혈압을 높이거나 신장에서 소변을 농축시키는 작용을 해서 몸에서 배출되는 수분의 양을 조절한다.

북미가 원산지인 털이 긴 소형 설치류 프레리들쥐는 대부분의 개체가 일부일처제를 따른다. 대부분의 프레리들쥐 부부는 같은 굴에서 살고 함께 새끼를 돌보며 배우자와 함께하기를 좋아한다. 지금까지의 연구를 통해 일부일처제가 유지되는 데는 옥시토신과 바소프레신이 중요한 작용을 한다는 사실이 밝혀졌다. 예를 들어, 옥시토신을 암컷 프레리들쥐의 뇌에 주사하면 단기간 함께 있던 수컷과 짝짓기를 하지 않았더라도 그 수컷을 좋아하게 된다. 한편 수컷의 뇌에 바소프레신을 주사하면 짝짓기 없이도 함께 있던 암컷을 좋아하게 된다.[29] 다시 말해 암컷은 옥시토신, 수컷은 바소프레신에 따라서 서로에 대한 유대감이나 애착이 형성되는 것이다.

일부일처제인 프레리들쥐와는 반대로 난혼제인 산악들쥐가 있다. 산악들쥐의 뇌에서 옥시토신 수용체와 바소프레신 수용체가 존재하는 부위를 조사했다. 그 결과, 프레리들쥐는 1a형 바소프레신 수용체(V1a 수용체)가 뇌의 곳곳에 존재했지만 산악들쥐에게서는 거의 발견되지 않았다.[30] 또한 옥시토신 수용체 역시 프레리들쥐와 산악들쥐에서 존재하는 부위가 크게 달랐다.[31] 그래서 V1a 수용체가 발현되지 않은 수컷 산악들쥐의 뇌에 V1a 수용체를 인위적으로 만들어주자 암컷과 함께하는 시간이 길어졌다.[32] 즉, 옥시토신과 바소프레신은 자궁이나 유선, 혈관이나 신장에 작용해 각자의 기능을 발휘할 뿐 아니라 뇌의 뉴런에도 작용해 유대감이나 애착과 같은 사회적 행동을 조절한다는 사실이 밝혀진 것이다.

1976년, 일본인 연구자가 발견한 항진균 항생물질인 트리코스타틴 A$^{trichostatin A, TSA}$는 이후의 연구를 통해 히스톤 탈아세틸화효소$^{histone deacetylase, HDAC}$를 방해하는 작용이 있음이 밝혀졌다. 제2장에서도 설명했지만 히스톤이 아세틸화되면 유전자가 발현하기 쉬워진다(→123쪽). TSA는 아세틸화된 히스톤을 아세틸화된 상태 그대로 유지시키는 작용이 있다. 다시 말해 TSA를 투여하면 유전자 발현을 높일 수 있는 셈이다. 그래서 이 TSA를 암컷 프레리들쥐의 뇌에 투여하고 수컷과 함께 사육하면 사회적 행동에는 어떠한 변화가 발생하는지 실험을 진행했다. 통상적으로 짝짓기를 통해 부부 관계를 형성하려면 약 하루가 필요하지만 TSA를 투여하자 짝짓기 없이 약 6시간 만에 부부 관계가 형성되었다. 또한 TSA를 투여하자 부부 관계 형성에 중요한 뇌의 특정 부위에서 옥시토신 수용체와 바소프레신 수용체의 발현도가 상승했고, 히스톤이 아세틸화되는 정도 역시 상승했다.[33] 이러한 결과를 통해 히스톤의 아세틸화가 프레리들쥐의 부부 관계 형성에 중요한 요소라는 사실이 밝혀졌다.

참고로 TSA는 주사나 경구 섭취로는 뇌까지 도달하지 못하므로 뇌에 직접 주사해야 한다. 다만 히스톤을 아세틸화시키는 TSA와 같은 약제를 통해 사회적 행동이 변할 가능성이 밝혀졌다는 사실은 큰 충격을 남겼다. 프레리들쥐에게서 관찰된 이러한 현상이 인간의 유대감이나 애착 행동에도 부합될지, 또한 호르몬에 따른 인간의 사회적 행동은 어떠한 구조로 되어 있을지, 이 궁금증들을 해명하기 위한 연구는 이제 막 시작된 참이다.

도마뱀의 침에서 발견된 당뇨병 치료제

북미의 애리조나 사막이나 초원 등의 건조지대에는 몸길이 20~30cm, 큰 것은 50cm 정도인 미국독도마뱀(heloderma suspectum)이 서식한다. 미국독도마뱀은 먹잇감을 물면 턱의 독샘에서 분비되는 독액을 먹잇감의 몸 안에 주입해 호흡중추를 마비시킨다. 이 미국독도마뱀은 배가 가득해질 정도로 먹잇감을 삼킨다 해도 혈당이 급격하게 상승하지는 않는다. 이 사실을 통해 미국의 장 P. 라우프먼의 연구팀은 독액에 혈당치를 상승시키지 않는 어떠한 물질이 함유되어 있으리라고 생각했다. 독액을 분석한 결과, 인체에 모종의 영향을 끼칠 가능성이 있는 몇 가지 펩티드가 함유되어 있었다. 이들 펩티드에는 침샘과 같은 외분비선(exocrine gland)에 존재하며 혈당치를 상승시키지 않는 내분비 작용(endocrine action)이 있다고 해서 exendine(엑센딘)이라는 이름이 붙었다. 이 exendine 중에서도 exendin-4라 불리는 펩티드는 본래 다양한 소화효소를 분비하는 선방세포에서 특히 아밀라아제의 분비를 촉진시키는 것으로 알려졌다. 이후의 연구를 통해 이 exendin-4는 인간의 GLP-1과 흡사한 펩티드(아미노산 수준에서 약 53% 유사하다)임이 드러났다.

인간의 혈액 속에 존재하는 DPP-4는 인간의 GLP-1에 함유된 알라닌을 인식해 분해한다. 반면 exendin-4는 GLP-1의 알라닌 부분이 글리신으로 변해 DPP-4에 잘 분해되지 않았다.[34] 다시 말해 분해되기 쉬운 GLP-1 대신 exendin-4를 식사 후에 주사하면 인슐린 주사를 대신해 혈당치를 낮출 수 있다는 뜻이다. 따라서 이 exendin-4는 새로운 당뇨병 치료제 후보로 단숨에 주목을 받았다. 그리고 2005년에 미국에서 엑세나티드(상품명: 바이에타®)라는 이름으로 발매되었다. 인슐린 주사는 투여량이나 투여 빈도를 어기면 저혈당이라는 심각한 부작용을 일으키지만 이 엑세나티드는 실수로 투여량을 어기더라도 저혈당을 잘 일으키지 않아 부작용도 적기 때문에 현재는 전 세계에서 널리 사용되고 있다.

제 5 장

/

뇌-
당신을 만들어내는 장치

인간은 태어날 때부터 현재에 이르기까지 막대한 양의 정보에 노출된다. 물론 지금 이렇게 이 책을 읽고 있을 때도 마찬가지다. 우리의 뇌는 이러한 정보 중에서 자신에게 중요하다고 느낀 점이나 체험한 일을 기억으로 모아두고 있다.

어제와 오늘의 차이는 중요하다

어디에서건 눈을 딱 감으면 눈을 감기 전에 보고 있었던 풍경이나 들렸던 소리가 순간적으로 눈과 귀에 남는다. 관심이 없는 텔레비전 광고 속 노랫말도 그 노래를 들은 직후라면 따라 부를 수 있다. 이처럼 아주 잠깐, 받아들인 정보를 본래의 형태 그대로 우리의 뇌에 기억할 수 있는 것이 바로 **감각 기억**이다. 시각 정보라면 1초, 청각 정보라면 5초 정도 기억할 수 있다고 한다. 이러한 감각 기억 덕분에 우리에게는 텔레비전 화면에 비친 영상이 움직이는 것처럼 보이고, 클래식 선율이 하나로 이어진 아름다운 곡으로 들리는 것이다.

전철 안에서 문득 창밖으로 고개를 돌렸을 때 우연히 눈에 띈 간판에 뭐라고 쓰여 있는지 궁금해져서 간판을 빤히 보다 보면 뇌에 기억된다. 이러한 기억은 **단기 기억**이라 하는데, 그 기억이 유지되는 시간은 수십 초에서 수 분 정도라고 한다. 우리는 죽을 때까지 언어를 기억한다. 언어처럼 매우 오랫동안 지속되는 기억을 **장기 기억**이라 부른다. 즉, 기억이 지속되는 시간에 따라 기억의 종류를 분류할 수 있다는 뜻이다.

스리랑카의 수도, 가족 여행을 갔을 때의 추억, 집 주소나 전화번호와 같은 기억을 **선언적 기억**이라고 한다. 한편 피아노를 연주하거나, 자전거를 타거나, 야구방망이로 공을 때리는 것처럼 몸을 써서 습득한 기술을 **비선언적 기억** 혹은 **절차 기억**이라 한다. 장어집 앞을 지나다 맛있는 냄새가 난다고 느낀 순간 입안에 침이 가득 고이거나, 무서운 영화를 봤을 때 몸이 뻣뻣하게 굳는 것처럼 자신의 의사와 무관하게 몸이 반응하는 현상 역시 이 비선언적 기억에 따른 결과다.

여러분도 경험이 있겠지만 스리랑카의 정치적 수도(스리자야와르데네푸라코테)나 전화번호를 기억하기가 자전거 타는 법이나 피아노 연주법을 익히기보다 쉽다. 그러나 스리랑카의 수도는 일단 기억했다 하더라도 이후로 떠올릴 기회가 없다면 쉽게 잊히고 말지만 자전거 타는 법이나 피아노 연주법은 한 번 기억하면 좀처럼 잊히지 않는다. 이처럼 선언적 기억은 단시간에 기억할 수 있지만 곧바로 잊어버리기 쉽다는 성질이 있다. 반면 비선언적 기억은 기억하기 어렵지만 한 번 기억하면 잘 잊어버리지 않는다는 성질이 있다.

사고나 뇌경색, 뇌종양 등에 따른 기억상실증의 유형은 크게 2종류로 나눌 수 있다. 사고 등으로 머리에 외상을 입기 전의 기억이 사라지는 **역행성 기억상실증**과 머리에 외상을 입은 이후로 새로운 사건을 기억하지 못하게 되는 **선행성 기억상실증**이다.

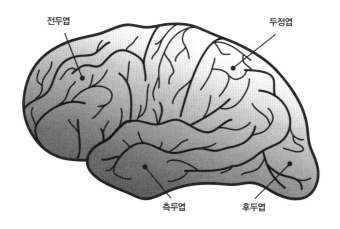

전두엽

두정엽

측두엽

후두엽

〈**그림 48**〉 대뇌의 왼쪽 면에서 본 그림

　선행성 기억상실증 환자로 전 세계의 연구자들에게 그 이름이 알려진 사람이 있다. 그는 바로 생전에는 H.M으로 알려져 있었으며 죽은 이후에 이름이 밝혀진 헨리 몰레이슨이다. 몰레이슨은 10세 때 사고를 당한 이후로 일주일에 몇 번씩이나 의식을 잃을 만큼 심각한 간질 발작을 되풀이했다. 1953년, 27세의 몰레이슨은 신경외과의사인 윌리엄 비처 스코빌에게서 뇌에서 간질 발작을 일으키는 부위라 여겨졌던 좌우 측두엽의 안쪽 일부를 적출하는 수술을 받았다(그림 48). 수술은 무사히 성공했고, 이후 몰레이슨의 간질 발작 횟수는 줄어들었다. 어린 시절의 기억, 언어능력, 인격이나 일반적인 지능은 수술 후에도 지극히 정상이었다. 하지만 새로운 기억을 전혀 형성하지 못하게 되고 말았다. 이후 몰레이슨의 진찰 결과를 통해 우리는 매일 벌어지는 다양한 상황에서 적절하게 행동하기 위해 이런저런 기억을 떠올린다는 사실을 알게 되었다. 예를 들자면, '지금 나는 어디에 있는가, 내가 말하고 있는 상대는 누구인가, 이 사람과 나는 어떠한 관계인가'와 같은 기억이다. 이는 평소 전혀 의식하지 않고 무의식으로 행하는 일이다. 다시 말해 우리의 하루하루는 나 자신의 기억과 밀접하게 관련되어 있으며, 나 자신이란 나의 기억에서 만들어지는 것이다.

 뇌의 기본 강의 ① 뇌의 구조

뇌는 크게 6개의 영역, 대뇌, 간뇌, 중뇌, 뇌교, 연수, 소뇌로 나눌 수 있다. 뇌를 구성하는 뉴런의 수는 대뇌에 수백억 개, 소뇌에 천억 개, 모두 합치면 천억 하고도 수백억 개나 된다. 한편 뇌에는 뉴런이나 뇌 속 모세혈관의 주위를 둘러싸서 이것들을 단단히 지지해주는 **신경아교세포**glial cell가 약 1조 개 존재한다.

대뇌를 세로로 자른 단면을 보면 대뇌피질이라 불리는 뇌의 표면 근처에서 회백색 층(회백질)을 찾아볼 수 있다. 이 부분에는 뉴런의 세포체, 컴퓨터로 따지면 중앙연산장치CPU가 밀집해 있다. 그리고 대뇌피질의 뉴런은 밀푀유처럼 규칙적인 6층 구조로 질서 정연하게 배열되어 있다. 한편 표면보다도 안쪽에 있는 백색 층(백질)에는 뉴런에서 다음 뉴런으로 정보를 받아들이기 위한 전선인 **신경섬유**(축삭과 수상돌기를 합쳐서 이렇게 부른다)가 모여 있다(→자세한 내용

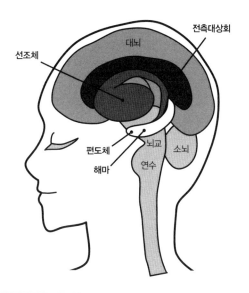

<그림 49> 뇌의 구조

은 267쪽 '뇌의 기본 강의 ②'에서). 참고로 대뇌에서는 받아들인 정보를 식별해 그 상황에 따른 운동을 명령하거나, 기억, 정동, 인지, 사고, 언어와 같은 고도의 기능을 담당하고 있다.

　대뇌에는 기억과 관련된 **해마**나 정동(분노, 공포, 기쁨, 슬픔 등의 감정)과 관련된 **편도체**도 포함되어 있다(그림 49). 습득한 기술이나 직감, 쾌감은 선조체에 보존된다. 앞서 언급한 간질 치료를 목적으로 몰레이슨의 뇌에서 수술로 적출해낸 부위는 이후의 분석 결과 측두엽 내부에 존재하는 해마와 편도체였음이 밝혀졌다. 단기 기억은 가능해도 장기 기억이 불가능했던 몰레이슨의 사례를 통해 단기 기억에서 장기 기억으로의 이행에는 해마와 편도체가 중요한 역

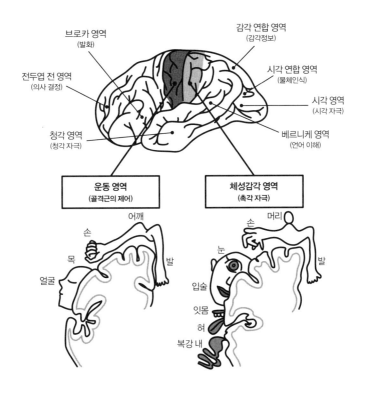

브로카 영역
(발화)

감각 연합 영역
(감각정보)

전두엽 전 영역
(의사 결정)

시각 연합 영역
(물체인식)

시각 영역
(시각 자극)

청각 영역
(청각 자극)

베르니케 영역
(언어 이해)

운동 영역
(골격근의 제어)

체성감각 영역
(촉각 자극)

어깨
손
목
발
얼굴

손 머리
눈
입술 발
잇몸
혀
복강 내

〈그림 50〉 대뇌피질의 기능 분포
(『캠벨 생명과학 11판』 그림 49.16과 그림 49.17을 참고해 그림)

할을 수행한다는 사실이 드러난 것이다.

대뇌는 각각의 부위에 따라 기능에 차이가 있다. 예를 들어, 대뇌 중심의 갈라진 부분을 기준으로 앞쪽이 운동중추, 뒤쪽이 피부의 감각중추다. 대뇌의 뒤쪽에 있는 후두엽은 시각중추, 귀에 위치한 측두엽에는 청각중추가 있다(그림 50). 대뇌가 기능을 잃으면 운동, 감각, 시각, 청각 등의 기능이 사라지므로 식물상태에 빠진다.

간뇌, 중뇌, 뇌교, 연수를 통틀어 **뇌간**이라 부른다. 호흡이나 혈액순환 등 생명활동의 기본적인 기능을 제어하고, 동시에 몸의 다양한 부위에서 날아드는 지각정보를 대뇌피질에 전달하거나 몸을 움직이는 지령을 중계하는 기능이 있다. 따라서 뇌간이 기능을 잃으면 뇌사상태에 빠지고 만다.

소뇌는 근육이나 힘줄, 관절에서 전해지는 감각이나 내이內耳에서 평형감각, 대뇌피질에서 정보를 받아 운동의 세기나 힘의 강도, 균형 등을 계산해 조절하는, 다시 말해 온몸의 운동기능을 조절하는 역할을 맡는다. 이처럼 뇌의 각 부위는 저마다 다른 기능을 분담하고 있다.

....

잃어버린 손과 다리의 아픔이 느껴진다

병이나 사고로 팔이나 다리를 잃은 사람 중에는 사라진 팔이나 다리가 여전히 존재하는 것처럼 느껴지거나 극심한 고통을 느끼는 경우가 있다. 사라진 환상의 팔이나 다리의 아픔을 느낀다 해서 환지통幻肢痛이라 불린다.

우리가 팔을 움직일 때는 팔 근육이 수축·이완하는 감각이나 관절이 구부러지는 감각, 팔의 위치 감각 등의 체성감각과 팔이 움직

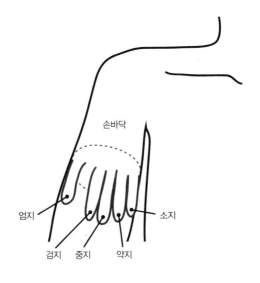

손바닥

엄지

검지 중지 약지

소지

<그림 51> 상완에 나타난 잃어버린 손의 감각

이는 상황의 시각적 감각이 뇌로 전해진다. 팔을 잃은 경우, 이러한 체성과 시각적 감각 정보가 뇌로 전달되지 않으므로 뇌에서는 갈등이 발생하고, 그 갈등이 아픔으로 인식되어 환지통이 발생하는 것으로 보인다. 하지만 아픔을 느끼는 팔이나 다리가 실제로는 존재하지 않기 때문에 환지통은 치료하기 어려운 증상이다. 잃어버린 손의 감각이 상완에 나타나거나(그림 51), 뺨에 나타나는 경우가 있다.[1] 그래서 눈앞의 잔을 잡으려 하면 상완이나 뺨에 있는 '환상의 손'이 잔을 잡으려는 것처럼 느껴지기도 한다.

　대뇌피질의 부위에 따라 각각 몸에서 어느 부위의 감각이나 운동을 제어하는지는 미리 정해져 있는데(그림 50), 이러한 구조를 **뇌 지**

도라고 한다. 질병이나 사고로 팔을 잃으면 사라진 팔에 대응하는 감각을 관장하는 부위의 대뇌피질 뉴런에서는 팔에서 전해지는 감각 정보를 전달받지 못하게 된다. 그러면 지금까지 팔의 감각 정보를 받아왔던 뉴런이 뺨이나 상완의 감각정보를 받아들이는 부분으로 물리적으로 이동해 새로운 신경회로를 형성하면서 뇌 지도가 수정된다. 그 결과, 상완이나 뺨을 만지면 사라진 팔을 만지는 느낌을 받게 되는 것이다. 이는 곧 성인이 된 이후로도 뇌에서는 변화가 생길 가능성이 있다는 말이기도 하다.

뇌 지도의 재구축

V.S. 라마찬드란은 '성인이 되어서도 뇌 지도를 다시 쓸 수 있다면 팔을 잃기 전의 뇌 지도로 바꾸어놓을 수 있다. 그리고 지도를 바꾸어놓을 수 있다면 환지통이나 상완, 뺨에 생겨난 환상의 손을 제거할 수 있다'라고 생각했다. 라마찬드란은 골판지 상자에 거울을 설치한 간소하면서도 저렴한 '거울 상자'를 제작했다(그림 52). 이 거울 상자를 이용해서 잃어버린 손의 위치에 멀쩡한 손을 비춘다. 이어서 두 손으로 똑같은 운동을 실시한다. 그러면 잃어버린 손이 있어야 할 곳에 정상적인 손이 비추어진 상태이기 때문에 잃어버린 손이 존재하며 움직이고 있다는 착각에 빠진다. 라마찬드란은 이 착각을 이용한다면 뇌

지도를 다시 쓸 수 있으리라고 본 것이다.

라마찬드란은 오랫동안 손의 마비와 통증에 시달려온 환자에게 이 거울 상자를 써보게 했다. 그 결과, 거울 상자에 두 팔을 집어넣자마자 팔의 마비가 씻은 듯 사라졌다.[2] 하지만 거울 상자에서 손을 빼자 곧바로 손의 마비와 통증이 되살아났다. 그래서 라마찬드란은 환자에게 거울 상자를 집으로 가져가서 날마다 거울 상자를 이용하게 했고, 그 결과 손의 마비는 약 1주일 만에 사라졌다. 이후 약 4주 동안 이 거울 상자를 이용하자 최종적으로는 손의 아픔 자체도 사라졌다.

자이온 하비는 2세 때 전신성 패혈증을 앓아 사지를 잃고 말았다. 2015년, 하비는 필라델피아 소아과 병원에서 장장 10시간 40분에 걸쳐 양손 이식수술을 받았다. 이식수술은 무사히 성공했고, 수술 후

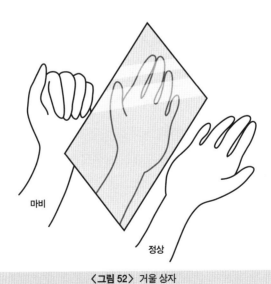

마비

정상

〈그림 52〉 거울 상자

2주일 만에 이식받은 손으로 물체를 집을 수 있게 되었다. 2017년에는 혼자서 옷을 갈아입거나 식사를 하고 글씨까지 쓸 수 있게 되었다. 윌리엄 기츠의 연구팀은 하비가 회복되면서 뇌 지도에는 어떠한 변화가 발생했는지를 추적했다. 구체적으로 말하자면 하비의 입술이나 손가락에 가해진 자극에 반응하는 영역이 대뇌피질의 어느 곳에 존재하는지를 분석한 것이다. 그 결과, 입술의 감각에 대응하는 뇌의 영역 일부가 손의 감각에 대응하는 영역까지 약 2cm나 이동했다는, 이른바 뇌 지도가 재구축되었다는 사실이 밝혀졌다.[3]

이러한 사실에서 미루어보자면 뇌 지도의 재구축을 통해서 환지통을 제거할 수 있을 뿐 아니라 이식한 손의 감각도 되찾을 수 있을 듯하다. 이후 한층 효율적으로 뇌 지도를 재구축시키는 구조가 해명된다면 뇌경색 등의 질병에서 비롯된 운동마비를 빠르게 회복시켜줄 새로운 재활 기술이 나타날 것이다. 앞으로 이 연구가 얼마나 발전할지 기대가 크다.

육체적인 고통과 슬픔, 질투는 동일한 아픔이다?

우리는 슬프거나 괴로울 때 '마음이 쓰라리다', '가슴이 옥죄는 것처럼 아프다'라는 비유적인 표현을 사용한다. 그렇다면 실제로 슬플 때나 괴로울 때, 우리의 뇌에서는 아픔을 느낄까?

한 명의 피험자와 두 명의 실험 협력자, 모두 세 사람에게 비디오 게임을 하게 한다. 그리고 그 게임을 하고 있을 때 피험자의 뇌는 어떻게 활동하는지 기능적 자기 공명 영상법functional Magnetic Resonance Imaging, fMRI을 사용해 측정한다. 처음에는 셋이서 즐겁게 게임을 하지만 어느 순간을 기점으로 피험자만이 게임에 참가하지 못하는, '따돌림'을 당하는 상태에 놓이게 된다. 다시 말해 피험자가 '슬프다', '괴롭다'고 느낄 만한 상황에서 뇌가 보이는 반응을 fMRI로 측정한 것이다. 그 결과, '슬프고', '괴로운' 상황에서는 신체적 고통과 관련된 정보를 받아들이는 부위인 내측 전두엽의 전측대상회(그림 49)가 활동한다는 사실이 밝혀졌다.[4] 아무래도 슬플 때나 괴로울 때, 우리의 뇌는 이러한 감정을 '아픔'으로 처리하는 모양이다.

'남의 불행은 나의 행복'이라는 말이 있다. 독일에는 '샤덴프로이데Schadenfreude'라는 말이 있는데, '타인의 불행(실패)을 기뻐하는 마음'을 의미한다. 다카하시 히데히코는 '질투'나 '타인의 불행을 기뻐할' 만한 상황에서 건강한 대학생 19명의 뇌는 어떻게 활동하는지 fMRL로 측정했다. 그 결과, '질투'라는 감정을 품으면, 예를 들어 자신보다 학업 성적이나 소유물(돈이나 자동차 등) 등이 우월한 사람과 비교했을 경우 전측대상회가 활발하게 활동했다. 이 결과를 통해 '질투'란 '아픔'이라는 사실이 밝혀졌다. 또한 '질투'의 대상자에게 불행이 발생하는, 다시 말해 '남의 불행은 나의 행복'인 상태가 되자 '쾌감'을 일으키는 부위인 선조체가 활발하게 활동했다. 특히 전측대상회가 활발하게 활동한 사람일수록 선조체가 강하게 활동했다. 이러한 사실에서 '질투'를 쉽게 느끼는 사람일수록 타인에게 불행이 찾아오면 심적 고통이 경감되어 '남의 불행은 나의 행복' 상태에 빠지기 쉽다는 사실이 드러났다.[5] 인간의 뇌에는 '타인을 질투하고', '타인의 불행을 기뻐하는' 신경회로가 날 때부터 갖추어져 있는 듯하다. '질투'나 '남의 불행은 나의 행복'은 우리 인간에게 본능과도 같은 감정이 아닐까.

....

 뇌의 기본 강의 ② 뉴런 간의 정보 전달

우리의 뇌에는 뉴런과 신경아교세포가 존재하는데, 이들이 서로 정보를 주고받으며 우리의 행동이나 사고를 일일이 결정한다.

각각의 뉴런은 10만 개나 된다는 다른 뉴런에서 정보를 받아서 다음 뉴런에게 건네준다. 다음 뉴런에게 정보를 건네는 전선의 역할을 하는 부분이 바로 **축삭**인데, 일반적으로 축삭은 뉴런에 하나밖에 존재하지 않는다. 한편 다른 뉴런에서 정보를 접수하는 부분은 나무줄기에서 가지가 복잡하게 뻗어 나온 모습과 닮았다 해서 **수상돌기**라 불린다. 이 수상돌기의 표면에는 **스파인**spine(가시돌기)이라 해서, 마치 장미 가시와도 같은 작은 돌기가 있다. 이 스파인과 다른 뉴런의 신경종말이 결합해 **시냅스**synapse라는 구조가 형성된다.

시냅스에서는 각 뉴런들이 서로 맞닿아 있지는 않다. 실제로는 **시냅스 간극**이라 불리는 20나노미터 정도의 틈이 있지만 편의상 결합해 있다고 표현한다. **활동전위**라 불리는 전기 신호가 축삭을 통해 갈라져 나온 신경종말의 시냅스(**시냅스 전 세포**라고 불린다)에 도달한다. 시냅스 전 종말에는 다음 뉴런으로 정보를 전달하기 위한 화학물질인 **신경전달물질**이 저장된 다수의 소포(**시냅스 소포**)가 존재한다. 그리고 활동전위가 시냅스 전 종말에 도달하면 시냅스 소포가 시냅스 전 종말의 세포막과 융합, 내용물인 신경전달물질이 시냅스 간극으로 방출되고 전기 신호가 화학 신호로 변환된다. 그리고 신호를 접수하는 측의 뉴런은 스파인(**시냅스 후 세포**라고 불린다)에 해당 신경전달물질에 대한 수용체가 존재한다. 수용체가 신경전달물질을 받아들이면 시냅스 후 세포의 세포막 상에 존재하는, 이온이 통과하는 작은 구멍인 **이온 통로**가 열리며 화학 신호가 다시 전기 신호로 변환된다. 그리고 시냅스 후 세포로 유입되는 이온의 양이 일정치를 넘어서면 그 뉴런은 자신들의 축삭을 따라 활동전위를 보내서 다음 뉴런에게 정보를 전달한다. 뇌의 뉴런 사이에서는 이 과정이 반복적으로 이루어진다(그림 53). 또한 시냅스는 스파인뿐 아니라 뉴런의 세포체나 수상돌기의 본체에서도 만들어진다. 우리의 뇌 안에는 뉴런의 1000배에서 1만 배 정도의 시냅스가 존재한다고도 한다. 이처럼 방대한 숫자의 시냅스에서 다양한 신경전달물질을 이용해 정보가 전달되기 때문에 우리의 뇌는 고도로 복잡한 생명기능을 만들어낼 수 있는 것이다.

뇌 내부에서의 신속한 정보 전달, 다시 말해 시냅스 간의 신속한

정보 전달의 대부분을 담당하는 화학물질로는 **글루타민산과 γ아**
미노 뷰티르산gamma-aminobutyric acid, GABA, 2종류가 있다. 글루타민산
은 뉴런을 활성화시키고 GABA는 그 활동을 억제하는 작용을 한
다. 시냅스 사이에서 글루타민산을 통한 정보 전달이 활발하게 이
루어지면 이루어질수록 시냅스 간의 결합이 촉진되고, 점차 군건
해진다. 이것이 바로 기억과 학습의 구조다.

글루타민산이나 GABA는 시냅스 사이에서 벌어지는 신속한 정

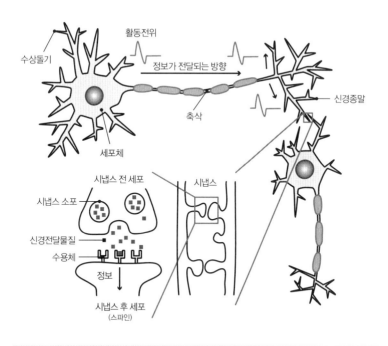

〈**그림 53**〉 일반적인 신경세포

보 전달을 담당하는 물질이지만 그 정보 전달 활동은 **아세틸콜린,
노르아드레날린, 도파민, 세로토닌**과 같은 물질들이 조정한다. 이
물질들은 뉴런에 글루타민산의 생산을 촉진시키거나, 시냅스 간에
더욱 효율적으로 정보 전달이 이루어지게끔 하거나, 시냅스 후 세
포에 존재하는 신경전달물질 수용체의 감도를 조절한다. 또한 시냅
스 간에 불필요한 정보가 전달되지 않도록 '잡음'을 줄이거나, 반대
로 시냅스 사이에서의 특정한 신호를 증폭시키기도 한다. 아세틸콜
린, 노르아드레날린, 도파민, 세로토닌은 자신들이 직접 글루타민
산이나 GABA처럼 시냅스 간의 정보 전달을 수행할 수도 있지만,

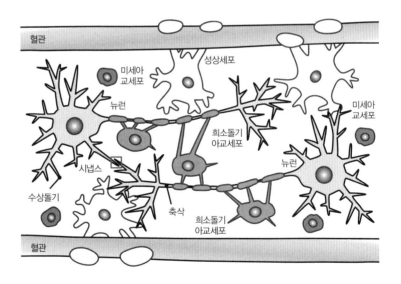

〈그림 54〉 뇌를 구성하는 세포

그보다 중요한 기능은 시냅스 간에 오고가는 정보의 흐름을 조정하고 정보전달물질의 전체적인 균형을 조절하는 일이다. 따라서 아세틸콜린, 노르아드레날린, 도파민, 세로토닌과 같은 신경전달물질을 신경 모듈레이터modulator라 부르기도 한다.

한편 **신경아교세포**는 뉴런이나 뇌 안의 모세혈관 사이를 에워싸서 이들을 단단히 고정하고 있다. 신경아교세포에는 3종류가 있는데, 첫 번째로 **성상세포**는 시냅스를 둘러싸서 세포 밖으로 방출된 신경전달물질을 능동적으로 회수해, 주변의 뉴런에게 불필요한 정보가 전달되지 않게끔 한다. 두 번째로 **희소돌기아교세포**는 절연체인 **미엘린**myelin으로 뉴런의 축삭을 전선 피복처럼 감싸서 뉴런 간의 잡음을 없애고 혼선이 일어나지 않게 막는다. 그리고 마지막으로 **미세아교세포**는 죽은 뉴런이나 변성된 뉴런을 탐식해 제거하는 면역기능을 담당한다(그림 54).

몸의 상태를 통해 뇌는 현재 자신의 상태를 파악한다

'위기 속에서 싹튼 사랑은 오래가지 않는다'라는 말은 영화 〈스피드〉에서 애니(산드라 블록 분)가 주인공 잭(키아누 리브스 분)에게 한 말이다. 그렇다면 위기 상황에서는 정말로 사랑이 싹트는 것일까?

    무섭게 출렁이는 흔들다리, 혹은 안전한 다리를 건너면 그 앞에
는 매력적인 여성이 기다리고 있다. 여성은 다리를 건너온 남자에게
그림을 보여주며 그 그림을 보고 떠오른 내용을 말로 설명하게 한다.
이후 그림을 사용한 이 실험에 대해 설명하고 싶으니 만약 괜찮다면
전화를 해달라며 실험에 협력한 남성에게 자신의 이름과 전화번호가
적힌 메모를 건넨다. 그러자 이후 공포를 느끼는 흔들다리를 건넌 18
명 중에서는 9명, 안전한 다리를 건넌 16명 중에서는 2명이 전화를 걸
어왔다. 이러한 사실에서 비롯해 '공포를 느끼면 매력적인 여성이 한
층 더 매력적으로 보이게 되어 전화를 한다'는 연구 결과가 보고되었
다.[6] 이른바 '흔들다리 효과'로 세간에 알려진 이 실험 결과가 현재는
다소 확대 해석되어 '흔들다리 위에서 고백하면 사랑이 이루어진다'
거나 '심장이 두근거리는 상태에서 고백을 받으면 가슴이 설레는 것으
로 착각한다'는 식으로 받아들여지게 되었는지도 모르겠다.

    아드레날린은 혈중 농도가 증가하면 심박 수와 혈압을 상승시키
고, 동공을 확장시키며, 혈당치를 높인다. 따라서 아드레날린을 주사
해 심장이 두근거리게 할 수 있다. 그래서 기분 좋은 상태와 반대로
화가 난 상태를 인위적으로 조성한 뒤, 그 상태에서 본인은 모르게끔
아드레날린 혹은 생리식염수를 주사했다. 그리고 아드레날린 혹은 생
리식염수를 주사하면 인위적으로 만들어진 감정이 어떠한 영향을 받
는지 분석했다. 그 결과, 생리식염수를 주사한 그룹에 비해 아드레날
린을 주사한 그룹은 즐거움이나 분노와 같은 감정이 증폭되었다.[7] 아

무리도 우리 인간은 심박 수가 증가한 시점에서의 감정을 증폭시키게 끔, 다시 말해 화가 났을 때 심장이 두근거리면 한층 분노가 강해지고, 즐거울 때 심장이 두근거리면 더욱 즐겁다고 느끼도록 프로그래밍되어 있는 듯하다. 상상력을 발휘해보자면 '위기 속에서 사랑이 싹 트는' 것이 아니라, 이전부터 상대방에게 호감을 품은 상태에서 위기에 빠지면 한층 강한 호감을 느끼게 되는 것일지도 모른다. 이 대목은 여러분이 직접 시험해보는 것도 좋지 않을까.

스트레스와 운동의 관계

지금 수많은 사람 앞에서 자기소개를 하려 하고 있다. 심박은 빨라지고, 입안이 말라가고 있다. 그리고 손에는 땀이 흥건하고, 손과 발까지 떨리기 시작해, 빨리 자기소개를 마치고 도망치고 싶은 기분이다.

이처럼 스트레스가 가해진 상황에서는 뇌의 시상하부에서 **부신피질 자극 호르몬 방출 호르몬**corticotropin-releasing hormone, CRH이 **하수체**로 분비된다(→201쪽도 참조). 그러면 하수체에서 **부신피질 자극 호르몬** adrenocorticetropic hormone, ACTH이 분비된다. 그리고 ACTH가 부신피질에 도달하면 부신피질에서 **코티솔**이 분비된다. 이러한 정보전달의 흐름을 HPA 축이라고 부른다. 이는 **시상하부**hypothalamus · **하수체**pituitary gland · **부신**adrenal gland, 세 장기의 영어 머리글자에서 유래된 용어다.

우리의 뇌는 스트레스를 생명의 위기라고 착각한다. 생명에 위기가 오면 우리는 '투쟁' 혹은 '도주'하려 하는데, '투쟁' 혹은 '도주'하기 위해서는 잽싸게 움직이거나 순간적으로 상황을 판단해야 한다. 그래서 우리의 몸은 코티솔을 이용해 심박 수를 높여서 온몸에 혈액을 보낸다. 다시 말해 긴장하거나 스트레스를 받았을 때 심박 수가 증가하면서 다양한 생리현상이 발생하는 것은 코티솔의 소행인 셈이다.

코티솔은 감정에 관여하는 편도체(그림 49)에도 작용해 편도체의 뉴런을 흥분시킨다. 그러면 편도체는 HPA 축을 한층 활성화시키는, 스트레스 반응을 증폭시키는 액셀러레이터로 기능한다. 즉, 스트레스가 더욱 심한 스트레스를 낳는다는 말이다. 다만 우리 몸에는 스트레스 반응을 억제하는 브레이크도 몇 가지가 존재한다. 그중 하나가 바로 해마(그림 49)다. 해마는 기억중추이기도 하지만 감정의 폭주를 막는 브레이크이기도 하다.

그렇다면 만성 스트레스는 우리의 몸에 어떠한 영향을 미칠까? 영국 브리스틀 의대의 조광욱은 시차 피로와 같은 만성 스트레스가 뇌에 미치는 영향을 fMRI로 분석했다. 그 결과, 만성 스트레스에서 회복하기 위한 휴식 시간이 짧은 사람일수록 혈중 코티솔 농도가 높았고, 해마를 포함한 측두엽이 위축되어 있었다. 또한 만성 스트레스가 지속되자 단기 기억이나 공간인지 테스트에서도 나쁜 성적이 나왔다.[8] 이러한 사실에서 미루어보자면 만성 스트레스에 따라서도 건망증이 발생하거나 자신의 현재 위치, 혹은 방향을 헷갈리게 될 가능성이 높을 뿐 아니라, 해마의 위축으로 편도체의 흥분을 억제하지 못하게 되면서 만성 스트레스가 한층 심한 스트레스를 발생시키는 악순환에 빠질 위험이 있다.

여러분 중에는 운동 자체가 스트레스라고 말하는 사람도 있지 않을까. 확실히 테니스나 축구, 달리기를 하면 근육을 움직여야 하므로 다량의 에너지와 산소가 필요해지고, 혈류를 증가시키기 위해 혈압과 심박 수 모두 높아진다. 그 결과, 혈중 코티솔 농도가 증가한다. 다만 스트레스와의 차이는 운동을 그만두면 혈중 코티솔 농도가 급격하게 떨어져 안정된 상태까지 빠르게 되돌아간다는 점이다.

콜레시스토키닌 테트라펩티드cholecystokinin tetrapeptide, CCK-4라 불리는 호르몬은 인간에게 주사하면 숨이 갑갑해지고 심박 수가 증가하며 심각한 불안 증상이나 공황 발작을 일으킨다. 다만 펩티드 호르몬이어서 체내에 주사하더라도 급속도로 분해되기 때문에 발작이 지속되는 시간은 매우 짧다.

공황 발작을 일으킬지도 모르는 CCK-4를 지금까지 한 번도 공황 발작을 경험해본 적이 없는 실험 협력자 12명에게 주사했다.[9] 이 실험에 참가한다고 상상만 했을 뿐인데도 긴장된다. 그 결과, 6명이 몸이 경직될 정도의 공황 발작을 일으켰다. 공황 발작을 일으킨 사람이 나왔음에도 조금 전 주사 실험에 협력한 12명 전원은 용감하게도 이어지는 실험에 참가했다. 이어서 유산소 운동(1분 동안 흡입할 수 있는 산소 최대량의 70% 수준의 운동)을 30분 동안 하게 했다. 그리고 운동 후 또

다시 CCK-4를 주사하자 공황 발작을 일으킨 사람은 단 1명뿐이었다.

실험은 여기서 끝나지 않는다. 지금까지 공황 발작을 경험한 적이 있는 실험 협력자 12명에게도 CCK-4를 주사했다. 그 결과, 9명이 공황 발작을 일으켰다. 이어서 이 실험 협력자들도 30분 동안 유산소 운동을 한 뒤 CCK-4를 주사하는 실험에 참가했다. 그 결과, 발작을 일으킨 사람은 12명 중 4명으로 감소했다. 발작을 일으킨 사람들의 증상 역시 유산소 운동을 통해 크게 경감되어 있었다.[9] 운동을 하고 나니 몸뿐만 아니라 기분까지 상쾌해지는 느낌을 받았던 적이 있는가. 이번 연구 결과를 통해 유산소 운동으로 스트레스나 공황 발작이 경감될 수 있다는 사실이 드러났다.

우울증

우울증은 누가 언제 걸리더라도 이상하지 않은 질병이다. 잠이 오지 않고, 식욕이 없으며, 하루 종일 축 처지고, 뭘 하더라도 즐겁지 않다. 또한 사고방식이 부정적으로 바뀌어 자신이 글러먹은 인간처럼 느껴진다. 이와 같은 감정이 거의 하루 종일 끊임없이 이어지고 장기간 지속된다면 우울증의 신호일지도 모른다.

유감스럽게도 우울증이 발병하는 구조에 대해서는 아직 해명되지 않았다. 다만 우울증을 치료하는 약에 대한 연구는 상당한 수준까

지 진행되었다. 1960년대, 우울증 상태를 개선해주는 약(항우울제라고
한다)의 작용을 연구한 결과, 항우울제를 동물에 투여하자 투여 후 몇
시간 뒤에 노르아드레날린, 세로토닌 등의 신경전달물질이 증가한다
는 사실이 드러났다. 참고로 노르아드레날린과 아드레날린, 도파민은
아미노산인 티로신에서, 세로토닌은 트립토판에서 만들어진다. 이처
럼 아미노산에서 만들어지는 신경전달물질을 **모노아민**monoamine이라
부른다. 이 모노아민이 뇌에 부족해지면서 우울증이 발생할지도 모른
다는 모노아민 가설이 등장했고, 이 가설을 바탕으로 다양한 항우울
제가 개발되고 있다.

시냅스 간극으로 방출된 신경전달물질은 뉴런이나 성상세포에
회수되거나 분해된다. 신경전달물질을 회수하는 역할은 시냅스 전 종
말에 존재하는 수송체라 불리는 특별한 단백질이 맡고 있다. 이 수송
체가 시냅스 간극으로 방출된 신경전달물질을 회수해 시냅스 간극의
신경전달물질 농도를 적절한 상태로 유지해주는 덕분에 뉴런은 끊임
없이 정보를 다음 뉴런에게로 전달할 수 있는 셈이다. 현재 임상에서
사용 중인 항우울제 대부분은 이 노르아드레날린이나 세로토닌의 수
송체가 제대로 기능하지 못하게 방해한다. 따라서 시냅스 간극에서의
노르아드레날린, 세로토닌의 양이 증가하게 되고, 결과적으로 우울증
증상이 개선된다(그림 55).

인간의 경우는 항우울제를 복용한 뒤 몇 시간 이내에 혈중 모노
아민의 양이 증가했는데도 우울증 증상이 개선되기까지 평균적으로

약 3개월이라는 긴 시간이 걸린다. 어째서 이와 같은 시간적 차이가 발생하는지는 밝혀지지 않은 상태였다.

　　1995년, 항우울제가 쥐의 전두엽이나 해마 등에서 **뇌 유래 신경 영양인자**brain-derived neurotrophic factor, BDNF를 증가시킨다는 사실이 밝혀졌다.[10] 이 BDNF는 뉴런의 성장과 생존을 도우며 시냅스의 기능까지 높여주는 중요한 단백질로, 뉴런의 성장이나 증가를 촉진시키는 비료나 마찬가지다. 그전까지는 성인이 되면 새로운 뉴런은 만들어지지 않

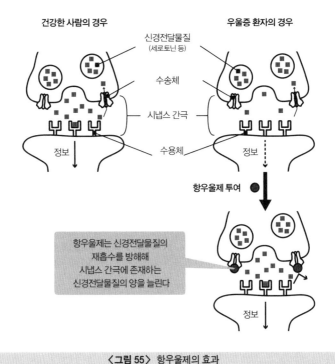

<그림 55> 항우울제의 효과

278

고 그저 죽어갈 뿐이라 여겼다. 1998년, 미국의 에릭슨과 그의 연구팀은 인간의 해마에서도 신경이 새롭게 만들어진다(신경발생neurogenesis)는 사실을 밝혀냈다.[11] 한편으로는 신경발생을 방해하면 학습능력·기억력이 떨어지거나 우울증이 심해진다는 사실도 드러났다.[12] 이러한 사실에서 미루어보자면 항우울제가 시냅스 간극의 모노아민을 증가시킨 결과 모종의 기구에서 BDNF가 늘어나 신경발생이 일어나고, 새로이 만들어진 뉴런이 우울증 때문에 소실된 신경회로를 복구하는 것으로 생각된다. 다시 말해 항우울제를 복용하더라도 곧바로 우울증 증세가 호전되지 않는 이유는 신경이 새롭게 만들어지고 신경회로가 수복될 시간이 필요하기 때문이다.

최근의 연구에서는 운동을 통해 신경발생을 일으키는 BDNF가 뇌 안에서 증가한다는 사실이 밝혀졌다.[13] 또한 운동을 하면 면역계 세포가 분비하는 사이토카인인 인터루킨-6[14]나 근육에서 분비되는 호르몬인 이리신[15]이 나온다. 이 생리활성물질들에 따라서도 신경발생이 촉진된다는 사실이 밝혀지기 시작했다.

이와 같은 결과에서 보자면 스트레스나 불안으로 가득한 현대사회를 살아가는 우리에게 정기적인 운동은 돈도 들지 않고 몸에도 좋은 자연 치료제라 해도 과언이 아닐 듯하다. 다만 운동이라 해도 근육 트레이닝과 같은 무산소 운동이 더 효과적인지, 아니면 마라톤이나 수영 같은 유산소 운동이 더 효과적인지는 밝혀지지 않았다. 또한 일주일에 몇 번, 몇 시간 운동을 해야 더 효과적인지 역시 밝혀지지 않았다. 앞으로 어떠한 운동 프로그램이 증상을 개선시키는 데 도움을 주는지 구체적으로 밝혀지기를 기대해본다.

타인의 감정에 공감하는 구조

타인의 괴로움이나 심정을 완벽하게 이해하기란 무척 어려운 일이다. 하지만 우리는 타인의 마음을 어느 정도는 헤아릴 수 있다. 그렇다면 어떠한 구조를 통해서 타인의 감정에 공감할 수 있는 것일까?

이탈리아의 자코모 리촐라티는 원숭이가 손으로 물건을 잡거나 조작할 때 뉴런이 어떻게 활동하는지를 조사하고 있었다. 여기서 우연히 실험자가 손으로 물건을 줍는 행위를 원숭이의 눈앞에서 보여주자, 원숭이는 자신이 물건을 주워 들지 않았는데도 물건을 주울 때 활동하는 뉴런이 흥분하는 현상을 발견했다.[16] 이후의 연구를 통해 뉴런이 제어하는 행위와 관찰하는 행위가 일치했을 때, 해당 뉴런은 흥분한다는 사실이 밝혀졌다. 이 뉴런에는 타인의 행동을 자신의 뇌에 투영하는 것처럼 보인다 해서 **거울 뉴런**mirror neuron이라는 이름이 붙었다.

자폐 스펙트럼 장애, 학습 장애, 주의력결핍 과다행동장애와 같은 **발달장애**의 발병률은 최근 세계적으로 증가하고 있다. 진단 기준이 달라졌다는 사실이나 발달장애에 관한 의식이 높아지면서 이른 나이에 전문의의 진찰을 받아 조기에 발견하게 되었다는 사실도 발병률의 증가에 영향을 미쳤겠지만 확실한 이유는 알 수 없다.

발달장애는 뇌기능이 선천적으로 치우치게 발달함에 따라 '잘하는 것'과 '못하는 것'의 편차가 심해져서 사회생활이나 의사소통에 장애를 초래하는 정신질환이다. 발달장애 중에서도 **자폐 스펙트럼 장애**는 거울 뉴런에 모종의 장애가 발생한 결과로 보인다.

자폐 스펙트럼 장애를 지닌 아이들은 타인의 움직임을 보더라도 운동영역의 신경활동에서 억제 반응이 관찰되지 않는다.[17] 또한 자폐 스펙트럼 장애를 지닌 아이들은 타인의 행동을 흉내 낼 때 거울 뉴런의 활동이 저조하다는 사실도 보고된 바 있다.[18] 이러한 사실에서 미루어보아 타인을 이해하거나 모방하는 데 필요한 신경회로 중에는 거울 뉴런이 있으며, 거울 뉴런을 포함한 여러 신경회로에 이상이 생기면 발달장애가 발생하는 것으로 보인다.

한편 뇌의 호르몬 작용이 저하되어 자폐 스펙트럼 장애가 발생할 가능성도 있다. 예를 들어, **옥시토신**은 뇌에서 작용하면 유대감 형성이나 애착 행동을 촉진시킨다는 사실이 알려져 있다(→247쪽도 참조). 따라서 옥시토신의 분비량이 줄어들거나 옥시토신 수용체의 기능이 저하됨에 따라 자폐 스펙트럼 장애가 발병할 가능성이 있다. 그래서 옥시토신을 코에 투여(경비투여)하면 자폐 스펙트럼 장애를 개선시킬 수 있으리라는 생각에 실제로 100명이 넘는 자폐 스펙트럼 장애 환자의 코에 옥시토신 스프레이를 뿌려 그 효과를 알아보았다. 그러나 유감스럽게도 결과적으로 옥시토신 스프레이의 효과는 발견되지 않았다. 다만 자폐 스펙트럼 장애 환자는 타인의 눈을 보는 시간이 짧은데, 옥시토신 스프레이를 뿌리자 타인의 눈을 보는 시간이 길어지거나 동일한 행동을 되풀이하는 반복행동이 감소했다. 따라서 어느 정도의 효과는 있는 셈이다.[19] 허나 옥시토신을 코에 투여하더라도 실제로 얼마나 많은 양이 뇌까지 도달하는지 알 수 없으며, 옥시토신은 자폐 스펙트럼 장애에 효과가 있지만 그저 뇌에 도달하지 못했기 때문에 효과가 드러나지 않았을 가능성도 생각해볼 수 있다. 이후 뇌까지 충분한 양의 옥시토신을 보낼 수 있는 새로운 약이 개발되었을 때 어떠한 효과를 보일지 기대된다.

인간을 구하는 장내세균?

다들 아침은 꼬박꼬박 챙겨 먹고 있는가? 나는 아침마다 요구르트만큼은 거르지 않으려 한다. 이 요구르트에 함유된 어떠한 세균이 동물의 행동을 좋은 방향으로 변화시킨다고 한다면 모두 슈퍼마켓으로 달려가지 않을까.

비만인 엄마 쥐에게서 태어난 새끼 쥐는 사회행동에 이상이 있는 경우가 많다. 예를 들어, 다른 쥐에게 흥미를 보이지 않거나, 새로운 것에 흥미를 보이지 않는 등, 인간의 자폐 스펙트럼 장애와 유사한 증상을 보이는 것이다.

마우로 코스타마티올리의 연구팀은 비만 쥐에게서 태어나 사회행동에 이상이 있는 새끼 쥐에게 사회행동에 아무런 문제가 없는 정상적인 쥐의 장내세균총(→237쪽)을 이식했다. 그러자 놀랍게도 장내세균총을 이식받은 새끼 쥐의 사회행동에 문제점이 사라졌다. 이어서 장내세균총이 없는 무균 쥐의 행동을 분석하니 사회행동에서 이상이 발견되었다. 그래서 무균 쥐에게 사회행동에 문제가 없는 정상적인 쥐의 장내세균총을 이식하자, 사회행동이 정상으로 돌아왔다. 이러한 결과를 통해 어느 특정한 장내세균이 사라지면 사회행동에 문제가 있는 것이라고 추측했다. 코스타마티올리의 연구팀은 비만 쥐에게서 태어나 사회행동에 이상이 있는 새끼 쥐의 장내세균총을 조사했고, 그 결과 유산균의 일종인 루테리균Lactobacillus reuteri이 극단적으로 적다는 사실을 발견했다. 그래서 이 루테리균을 새끼 쥐에게 먹이자 비정상적인 사회행동이 정상으로 돌아왔다. 심지어 루테리균은 소화관의 미주신경을 통해 뇌의 옥시토신까지 증가시킨다는 사실이 드러났다.[20]

　　연구는 여기서 끝나지 않았는데, 유전자 결함에 따라 자폐 스펙트럼 장애과 유사한 증상을 보이던 쥐 역시 장 내부의 루테리균이 감소한 상태였으므로 루테리균을 복용시키자 사회행동에 문제가 사라졌다.[21] 다만 주의해야 할 점은 이 모든 사례가 쥐를 이용한 실험 결과였다는 사실이다. 따라서 과연 인간도 루테리균을 복용하면 자폐 스펙트럼 장애가 완화될지는 검증이 필요하다. 실제로 이 루테리균을 이용한 임상실험이 세계 각국에서 진행되고 있다 하니 이후로 어떤 연구 결과가 나올지 무척 궁금하다.

　이렇게 지금까지 스트레스나 우울증, 타인의 감정에 공감하는 구조 등 거시적 관점에서 이야기를 진행했다. 그래서 지금부터는 세포 내부에서 어떠한 변화가 일어나면 기억·학습과 같은 현상이 발생하는지, 현재 연구가 진행 중인 장기 기억의 구조에 대해 설명해보고자 한다.

···

 뇌의 심화 강의　기억의 구조

뉴런은 시냅스에서 정보를 주고받는다. 정보를 출력하는 쪽을 시냅스 전 세포, 정보를 접수하는 쪽을 시냅스 후 세포라고 부른다. 뉴런 간의 정보 전달 효율이 높아지면서 **장기 강화**long-term potentiation, LPT라고 불리는 기억과 학습의 기반이 형성된다. 이 LPT가 발생하면 시냅스 후 세포의 스파인(→267쪽 '뇌의 기본 강의 ②'를 복습)이 커지게 된다.[22]

　뉴런 사이에서는 주로 **글루타민산**을 이용해 정보를 주고받는다. 이 글루타민산을 받아들이는 글루타민산 수용체로는 3종류가 있다. 3종류 모두 글루타민산을 받아들이지만 그중 하나는 인공 아미노산인 AMPA(α-아미노-3-히드록시-5-메틸이소옥자졸-4-프로피온산)가 결합하므로 **AMPA형 글루타민산 수용체**라 불린다. 또 다른 하나는 간질을 일으키는 맹독인 카이닌산이 결합하므로 **카이닌산형 글루타민 수용체**라 불린다. 그리고 마지막은 NMDA(N-메틸-D-아스파라긴산)가 결합하므로 **NMDA형 글루타민산 수용체**라 불린다. 3가지 수용체 모두 글루타민산을 받아들이지만 각각의 수용체는 글루타민산 이외에도 AMPA, 카이닌산, NMDA를 받아들이기 때문이 이를 구별하기 위해 각자 이름이 붙여졌다.

시냅스 후 세포에는 NMDA형 글루타민산 수용체가 발현해 있다. 평상시에는 마그네슘 이온$^{Mg^{2+}}$이 결합해 활성화를 막고 있다.

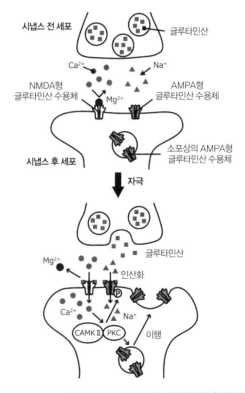

〈**그림 56**〉 장기 강화에서 보이는 시냅스 후 세포의 변화

시냅스 전 세포에서 글루타민산이 방출되면 이 마그네슘 이온이 NMDA형 글루타민산 수용체를 떠나고, 시냅스 후 세포에 칼슘 이온$^{Ca^{2+}}$이 유입된다. 그러면 칼슘·칼모듈린 의존 단백질 인산화효소 II^{CAMKII}나 프로틴키나아제 C라 불리는 단백질 인산화효소가 활성화되어 시냅스 후 세포의 다양한 단백질을 인산화(→158쪽을 복습)한다. 그 결과, AMPA형 글루타민산 수용체를 인산화해 세포 내부에 나트륨 이온$^{Na+}$을 유입시킨다. 또한 세포 내부의 소포에는 다수의 AMPA형 글루타민산 수용체가 저장되어 있다. 이 소포는 시냅스 전^{presynapse}에서의 자극을 통해 시냅스 후 세포의 세포막 방향으로 운반되어 세포막과 융합한다. 그 결과, 소포에 저장되어 있던 다수의 AMPA형 글루타민산 수용체가 시냅스 후 세포의 세포막에 삽입된다(그림 56). 따라서 시냅스 후 세포는 글루타민산에 대한 감수성이 향상되고, 시냅스 간의 정보 전달 효율이 높아져서 장기 강화가 발생하게 된다.

기억 · 학습능력의 획득에는 유전자와 환경 모두 중요하다

시냅스 사이에서 발생하는 장기 강화는 정말로 기억과 학습에 관여하는 것일까? 1992년, 도네가와 스스무는 실험용 쥐(녹아웃 마우스knockout mouse라고 한다)의 칼슘·칼모듈린 의존 단백질 인산화효소Ⅱ CAMKⅡ 유전자를 파괴한 다음 '수중 미로'라 불리는 장치로 그 쥐의 기억력을 측정했다.

쥐는 물을 싫어하기 때문에 물이 없는 장소를 찾아 필사적으로 도망친다. 그래서 물을 피할 수 있는 하얀 구조물을 풀장 안에 설치한 뒤, 풀장을 하얀 액체로 채워서 쥐가 구조물이 설치된 위치를 알아볼 수 없게 했다. 그리고 쥐를 풀장에 넣으면 쥐는 물을 피할 수 있는 안전지대를 찾아낼 때까지 필사적으로 헤엄을 친다. 쥐는 이 과정을 수차례 되풀이하면서 최종적으로는 안전지대까지 빠르게 도착하게 된다. 다시 말해 구조물의 위치를 기억하게 된다는 뜻이다.

하지만 CAMKⅡ 녹아웃 마우스는 아무리 시간이 지나도 안전지대의 위치를 기억하지 못해 한참을 헤엄쳤고,[23] 해마에서는 장기 강화가 발견되지 않았다.[24] 이러한 결과를 통해 기억과 학습에는 CAMKⅡ라는 단백질 인산화효소가 필요하다는 사실이 밝혀졌다.

NMDA형 글루타민산 수용체는 NR1과 NR2라는 2종류의 단백질로 이루어져 있다. 실제로는 2개의 NR1과 2개의 NR2, 도합 4개의 단백질이 결합해 NMDA형 글루타민산 수용체를 형성한다. 이 NMDA형 글루타민산 수용체의 NR2는 성장하면서 조금씩 변한다. 구체적으로 말하자면 태아일 때의 NR2 부분은 NR2B라는 단백질로 이루어져 있는데, 이 단백질이 성장과 함께 NR2A로 변해간다.[25] 참고로 NR1 부분은 변하지 않는다. 이 NR1+NR2B라는 태아형 NMDA형 글루타민산 수용체는 NR1+NR2A로 이루어진 성인형 NMDA형 글루타민산 수용체에 비해 전달 효율이 무척 높다는 사실도 밝혀졌다.

도네가와 스스무는 실험용 쥐에서 NMDA형 글루타민산 수용체의 NR1 단백질의 유전자를 파괴했다. NR1은 태아에서 성인이 될 때까지 NMDA형 글루타민산 수용체에 모두 포함되어 있으므로 NR1의 유전자가 파괴된 쥐는 NMDA형 글루타민산 수용체를 형성하지 못한다. 그리고 이 쥐의 기억력을 측정한 결과, 장기 강화가 발생하지 못해 기억력이 무척 나쁘다는 사실을 알게 되었다.[26] 또 성체가 된 후로도 NR2B를 다량으로 만들어낼 수 있도록 실험용 쥐의 유전자를 조작하자, 이 쥐는 예상대로 평범한 쥐보다 2배 이상 기억력이 좋았다.[27]

자, 이렇듯 NR1의 유전자를 파괴하면 기억력이 몹시 나빠진다. 다음으로 이 NR1 녹아웃 마우스 중 한 마리만 작은 우리에 덩그러니 넣어두고 사육했다. 그리고 다른 한 마리는 다양한 장난감으로 가득한 우리에 넣어서 사육했다. 그렇게 2개월 동안 서로 다른 우리에서 사육한 후에 쥐의 기억력을 측정했다. 그 결과, 작은 우리에서 홀로 자란 쥐는 기억력이 무척 나빴지만 장난감이 있는 쾌적한 환경에서 자란 쥐는 기억력이 좋았다.[28] 이 결과를 통해 설령 기억과 학습에 관여하는 유전자에 변이가 발생했다 하더라도 성장환경에 따라 기억력은 좋아질 수 있다는 사실이 밝혀졌다. 또한 래리 A. 페이그의 연구팀은 쥐의 유년기 환경을 조정하자, 구체적으로는 운동을 시키거나 호기심을 자극하는 여러 장난감을 주는 등 건전하며 자극적인 하루하루를 보내게 하자 기억 학습 효율, 특히 장기 강화가 촉진된다는 사실을 발견했다.[29] 이와 같은 사실을 통해 쥐뿐만 아니라 우리 인간도 좋은 환경에서 생활하면, 다시 말해 지속적으로 지적 호기심을 자극받고 사회적 관계를 유지하며 습관적으로 운동을 하면 과연 인지기능이 향상될지 흥미가 생긴다.

최근에는 기억과 2장에서도 언급한 에피게놈의 관계를 나타내는 연구 성과도 보고되었다. 넓적한 엄지 등의 형태적 이상이나 발달장애, 또한 기억·학습 장애를 수반하는 **루빈스타인 테이비 증후군** Rubinstein-Taybi syndrome이라 불리는 질병은 수만 명에 1명꼴로 발병하는 매우 희귀한 질병이다. 이 질병의 원인 유전자는 CBP CREB binding protein라는 히스톤을 아세틸화하는 효소의 유전자다.[30] 2장에서도 언급했지만 염색체를 작게 줄여서 세포핵 안에 욱여넣는 단백질인 히스톤이 아세틸화되면 그 아세틸화된 히스톤 부근의 유전자가 번역된다. 루빈스타인 테이비 증후군 환자는 양친에게서 유래한 CBP 유전자 중 어느 한쪽이 없거나 효소반응을 일으키는 부위에 변이가 생긴다. 따라서 히스톤의 아세틸화 수준이 저하되어 다양한 유전자가 번역되지 않는 상태에 놓이고 만다. 이 번역되지 않는 유전자 중에 기억과 학습과 관련된 유전자가 존재할 것으로 보인다.

실험용 쥐에서 양친에게서 물려받은 2개의 CBP 유전자 중 한쪽을 없앴다(CBP 녹아웃 마우스). 이 쥐를 분석한 결과, 기억·학습 효율, 특히 장기 기억력이 저하되어 있었다. 다시 말해 인간의 루빈스타인 테이비 증후군과 동일한 증상을 보였던 것이다.[31] 그래서 히스톤이 아세틸화된 상태를 원래대로 되돌리는 효소, 히스톤 탈아세틸화효소histone deacetylase, HDAC를 저해하는 약물을 이 CBP 녹아웃 마우스에게 투여했다. HDAC의 작용을 방해하면 CBP의 파괴에 따라 저조해진 히스톤의 아세틸화 상태가 어느 정도 회복되리라고 보았기 때문이다. 실제로 CBP 녹아웃 마우스의 저하된 기억·학습 효율은 HDAC 저해제를 투여하자 부분적으로나마 회복되었다.[32] 이는 에피게놈 정보를 수정해 기억·학습 효율을 향상시킬 수 있음을 의미한다.

치매

나이를 먹음에 따라 '뭔가를 잊어버리는 상황'이 점차 잦아진다. 건망증 자체는 비정상적인 현상이 아니다. 하지만 '가족의 얼굴을 기억하지 못하거나', '무슨 말을 했는지 잊어버리고 같은 말을 되풀이하거나', '소중한 것을 도둑맞았다고 말을 지어내는' 등, 일상생활에 지장을 초래하는 '건망증'을 보이기 시작한다면 치매로 구별된다.

치매는 혈액 덩어리인 혈전이 뇌의 모세혈관을 막아서 발병하는 뇌경색을 일으키거나 머리를 강하게 맞아서 발생하는 혈관성 치매와 뇌의 뉴런이 급격하게 사멸해 발생하는 **알츠하이머형 치매**와 **루이 소체형 치매**dementia with lewy bodies 등으로 분류된다. 알츠하이머형 치매와 루이 소체형 치매 환자의 뇌에서는 비정상적인 단백질이 기억을 관장하는 해마나 대뇌피질에 축적된다. 알츠하이머형에서는 **아밀로이드β** $A\beta$라는 단백질이 뇌에 축적되어 **노인성 반점**이라 불리는 특징적인 비정상 단백질의 집합체가 형성된다. 또한 뉴런의 축삭 내부에 존재하는 **타우**^{tau} **단백질**이 과도하게 인산화하면 뉴런 안에서 응집된다. 이 응집된 타우 단백질을 신경 원섬유성 변화라고 부른다. 참고로 변화라고 표현했지만 실제로는 보푸라기처럼 생긴 물질을 의미한다. 한편 루이 소체형에서는 **α-시누클레인**$^{\alpha\text{-synuclein}}$이라는 단백질이 뉴런 안에 응집된다. 이러한 비정상적인 단백질이 뇌에 축적된 결과, 뉴런의 기능이 저하되어 최종적으로는 뉴런이 서서히 죽어가면서 알츠하이머형 치매나 루이 소체형 치매를 일으키는 것으로 보인다.

현재 전 세계에는 3000만 명이 넘는 치매 환자가 있다고 한다. 일본뿐 아니라 세계적으로 보더라도 고령화 사회가 진행 중인 현 시점에서 치매 환자의 수는 앞으로도 계속해서 늘어나리라 예상된다. 이번에 소개한 연구 성과가 인간에게도 적용되는 현상인지, 또한 적용된다면 어떻게 치매 치료제나 운동 프로그램 개발로 이어질지, 치매 극복을 위한 기나긴 여정이 시작되려 하고 있다. 이 기나긴 여정을 떠나고자 하는 사람들이 앞으로 늘어나기를 기대한다.

치매 치료제 개발 현황

알츠하이머의 발병 원인은 현재까지 밝혀지지 않았다. 다만 Aβ나 타우 단백질이 축적되지 못하게 막는 것이 알츠하이머 발병을 예방하는 열쇠라는 가설을 토대로 치료제를 개발하고 있다.

알츠하이머는 가족력과는 무관하게 나타나지만 드물게 젊을 때부터 증상을 보이는 가계가 있다. 이와 같이 상염색체 우성(현성) 유전 형식의 조기발병형 가족성 알츠하이머병을 일으킨 환자의 유전자를 분석한 결과, Aβ를 만들어내는 유전자에서 변이가 발견되었다.[33] 따라서 Aβ가 축적되지 못하게 막는다면 알츠하이머의 발병을 억제할 수 있으리라 보았고, 알츠하이머 환자에게 Aβ에 대한 백신을 주사해 Aβ의 응집을 억제하면 치매 증상을 억누를 수 있을지 검토했다. 하지만 결과적으로 백신을 접종받은 8명 중 7명은 가장 심각한 수준까지 치매가 진행되었다. 또한 피험자가 사망한 후 뇌를 해부해보니 Aβ의 축적이 완전히 억제된 환자도 있었지만 뉴런이 사멸하는 현상은 막지 못했다.[34]

그렇다면 신경 원섬유성 변화를 유발하는 타우 단백질은 어떨까? 타우 단백질은 인산화를 통해 응집된다. 따라서 타우 단백질들이 결합하지 못하게 방해하는 화학물질을 찾아 나섰다. 그 결과, 부정맥이나 천식 등의 발작을 억누르는 약인 이소프로테레놀(Isoproterenol)이 타우 단백질과 결합한다는 사실이 밝혀졌다. 그래서 뇌에 타우 단백질이 응집되기 쉽게끔 유전자를 조작한 실험용 쥐에게 3개월 동안 이소프로테레롤을 먹였다. 결과적으로 이소프로테레롤을 먹인 쥐에게서는 타우 단백질의 축적이 억제되었고, 이소프로테레롤을 먹지 않은 쥐는 타우 단백질이 과도하게 축적되어 뉴런이 사멸해 죽고 말았다.[35] 앞으로는 인간이 이소프로테레롤을 장기간 복용했을 경우에도 과연 알츠하이머의 발병을 억제할 수 있을지 기대가 된다.

최근의 연구를 통해 수면장애 때문에 타우 단백질의 분비량이 증가한다는 사실이 밝혀졌다.[36] 수면을 취하면 Aβ나 타우 단백질이 뇌에서 제거되는데, 그 상세한 원리는 해명되지 않았다. 다만 규칙적인 생활과 충분한 수면이 알츠하이머 예방에 중요하다는 사실만큼은 분명하다.

 신경세포에서 벌어지는 물질 운송의 모습을 동영상으로 보실 수 있습니다. 신경세포 안에서 필요한 여러 물질이 살아 있는 것처럼 움직이는 작은 과립 형태로 운반되는 모습을 확인할 수 있습니다.

치매를 일으키는 새로운 인자와 치매 발병 예방의 가능성

대부분의 사람들이 주로 유아기에 감염되는 친숙한 바이러스인 인간 헤르페스 바이러스 6A(HHV-6A)나 인간 헤르페스 바이러스 7(HHV-7)이 Aβ나 타우 단백질을 축적시키는 원인일지도 모른다고 한다. 이 바이러스는 감염 이후 체내에서 휴면 상태에 접어들지만 스트레스 등으로 면역력이 떨어지면 다시금 활성화되는 경우가 있다. 알츠하이머 환자의 뇌에는 건강한 사람에 비해 약 2배 이상의 HHV-6A와 HHV-7이 존재한다. 뇌에서 Aβ나 타우 단백질을 만들어내는 이유는 이 HHV-6A나 HHV-7을 제거해 뇌 조직을 보호하기 위해서일지도 모른다는 사실이 보고되었다.[37] 알츠하이머의 발병에 바이러스가 연관되어 있다면 항바이러스제를 투여하거나 HHV-6V, HHV-7에 대한 백신 등을 통해서 훗날 알츠하이머를 치료할 수 있게 될지도 모른다.

또한 바이러스가 아닌 만성 치주염을 일으키는 구강세균[포르피로모너스 진지발리스균(Prophyromonas gingivalis)]이 뇌에 침투해 알츠하이머를 유발할 가능성도 보고된 바 있다. 실험용 쥐의 구강 내에 진지발리스균을 감염시킨 결과, 6주 후에는 뇌 안에서 진지발리스균이 현격하게 증가했으며 Aβ 또한 증가해 있었다. 그리고 진지발리스균이 생산하는 독성이 강한 단백질 분해효소인 진지파인의 작용을 방해하자 진지발리스균이 뇌에 침입하지 못하게 막을 수 있었을 뿐 아니라 Aβ의 생산도 억제할 수 있었다.[38] 이러한 사실에서 미루어보아 만성 치주염을 제대로 치료한다면 알츠하이머를 예방할 가능성이 있다.

앞서도 언급했듯 운동을 하면 근육에서는 이리신이라는 호르몬이 분비되고, 뇌에서 작용해 BDNF(뇌 유래 신경영양인자)의 분비를 촉진시키고 신경발생을 촉진시킨다 (→279쪽). 최근의 연구를 통해 이리신은 쥐의 해마에서도 만들어지며 뇌 내부에서 분비된다는 사실이 밝혀졌다. 건강한 사람은 나이를 먹으면서 뇌척수액 속 이리신의 농도가 짙어지지만 알츠하이머가 발병하면 변하지 않거나 저하된다. 그래서 알츠하이머 증상을 보이는 쥐에게 이리신을 투여하자 인지기능이 개선되었다. 또한 쥐를 하루에 한 번씩 강제적으로 헤엄치게 한 결과, 운동으로 알츠하이머 증상이 개선되었음을 확인할 수 있었다. 이러한 사실을 통해 이리신에는 뉴런의 노화를 억제하는 작용이 있으며, 뇌의 이리신 농도가 낮아지면 인지기능의 저하를 초래할 가능성이 있음이 드러났다.[39]

다만 이는 쥐를 이용한 연구 성과이므로 이 성과가 인간에게도 적용될지는 앞으로 연구해야 할 과제다. 하지만 이번 연구 결과가 옳았음이 밝혀져 인간 또한 운동을 통해 뇌의 이리신 농도를 높일 수 있다면 이리신은 알츠하이머의 새로운 치료제가 될 것으로 크게 기대해볼 수 있겠다. 혹은 이리신을 효율적으로 증가시킬 수 있는 운동 프로그램이 개발된다면 인지기능의 저하를 운동으로 막을 수 있을 듯하다.

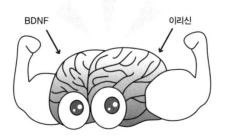

참고 문헌

서장

1. Portier, P. & Richet, C., De l'action anaphylactique de certains vénins. *Comptes Rendus des Séances de la Société de biologie et de ses filiales* 54, 170-172 (1902)

2. Bianconi, E. et al., An estimation of the number of cells in the human body. *Annals of Human Biology* 40, 463-471 (2013)

3. Ishizaka, K. et al., Physicochemical properties of reaginic antibody: V. Correlation of reaginic activity with γE-globulin antibody. *Journal of Immunology* 97, 840-853 (1966)

1장

1. 厚生労働省,「腸管出血性大腸菌Q&A」平成30年5月30 日改訂
https://www.mhlw.go.jp/stf/seisakunitsuite/bunya/0000177609.html

2. 厚生労働省,「平成29年度結核登録者情報調査年報集計について」
https://www.mhlw.go.jp/stf/seisakunitsuite/bunya/0000175095_00001.html

3. Fleming, A., On a remarkable bacteriolytic element found in tissues and secretions. *Proceedings of the Royal Society B, Biological Sciences* 93, 306-317 (1922)

4. Fleming, A., On the antibacterial action of cultures of a penicillium, with special reference to their use in the isolation of B. influenza. *British Journal of Experimental Pathology* 10, 226-236 (1929)

5. Chain, E. et al., Penicillin as a chemotherapeutic agent. Lancet 236, 226-228 (1940)

6. Bhullar, K. et al., Antibiotic resistance is prevalent in an isolated cave microbiome. *PLoS One* 7, e34953 (2012)

7. Nesme, J. et al., Large-scale metagenomics-based study of antibiotic resistance in the environment. *Current Biology* 24, 1096-1100 (2014)

8. Nass, T. et al., Analysis of a carbapenem-hydrolyzing class A beta-lactamase from enterobacter cloacae and of its LysR-type regulatory protein. *Proceedings of the National Academy of Sciences of United States of America* 91, 7693-7697 (1994)

9. Akaza, N. et al., Microorganisms inhabiting follicular contents of facial acne are not only *Propionibacterium* but also *Malassezia spp. Journal of Dermatology* 43, 906-911 (2016)

10. Chan, P. K. S., Outbreak of avian influenza A (N5N1) virus infection in Hong Kong in 1997. *Clinical Infectious Diseases* 34, S58-S64 (2002)

11. Taubenberger, J. K. et al., Characterization of the 1918 influenza virus polymerase genes. *Nature* 437, 889-893 (2005)

12. Tumpey, T. M. et al., Characterization of the reconstructed 1918 Spanish influenza pandemic virus. *Science* 310, 77-80 (2005)

13. Dean, M. et al., Genetic restriction of HIV-1 infection and progression to AIDS by a deletion allele of the CKR5 structural gene. *Science* 273, 1856-1862 (1996)

14. Glass, W. G. et al., CCR5 deficiency inreases risk of symptomatic West Nile virus infection. *Journal of Experimental Medicine* 203, 35-40 (2006)

15. Falcon, A. et al., CCR5 deficiency predisposes to fatal outcome in influenza virus infection. *Journal of General Virology* 96, 2074-2078 (2015)

16. Hutter, G. et al., Long-term control of HIV by CCR5 delta32/delta32 stem-cell transplantation. *New England Journal of Medicine* 360, 692-698 (2009)

17. Gupta, R. K. et al., HIV-1 remission following CCR5Δ32/Δ32 haematopoietic stem-cell transplantation. *Nature* 568, 244-248 (2019)

18. Perez, E. E. et al., Establishment of HIV-1 resistance in CD4[+] T cells by genome editing using zinc-finger nucleases. *Nature Biotechnology* 26, 808-816 (2008)

2장

1. Watson, J.D. & Crick, F.H.C., Molecular structure of nucleic acids. *Nature* 171, 737-738 (1953)

2. 公益財団法人エイズ予防財団, 「厚生労働省委託事業平成29 年度血液凝固異常症全国調査報告書」
https://api-net.jfap.or.jp/image/data/blood/h30_research/h30_research.pdf

3. Susser, E. et al., Schizophrenia after prenatal famine: Further evidence. *Archives of General Psychiatry* 53, 25-31 (1996)

4. 厚生労働省, 平成29 年度「国民健康・栄養調査」

https://www.mhlw.go.jp/stf/houdou/0000177189_00001.html

5. Shin, T. et al., A cat cloned by nuclear transplantation. *Nature* 415, 859 (2002).

6. Jourdan, G. et al., The dimensionality of color vision in carriers of anomalous trichromacy. *Journal of Vision* 10, 1-19 (2010)

7. Gurdon, J.B., The developmental capacity of nuclei taken from intestinal epithelium cells of feeding tadpoles. *Development* 10, 622-640 (1962)

8. Takahashi, K. et al., Induction of pluripotent stem cells from mouse embryonic and adult fibroblast cultures by defined factors. *Cell* 126, 663-676 (2006)

9. Alaux, C. et al., Honey bee aggression supports a link between gene regulation and behavioral evolution. *Proceedings of the National Academy of Sciences of the United States of America* 106, 15400-15405 (2009)

10. Fullston, T. et al., Paternal obesity initiates metabolic disturbances in two generations of mice with incomplete penetrance to the F2 generation and alters the transcriptional profile of testis and sperm microRNA content. *FASEB Journal* 27, 4226-4243 (2013)

11. Lo, Y.M.D et al., Presence of fetal DNA in maternal plasma and serum. *Lancet* 350, 485-487 (1997)

12. Palomaki, G.E. et al., DNA sequencing of maternal plasma reliably identifies trisomy 18 and trisomy 13 as well as Down syndrome: an international collaborative study. *Genetics in Medicine* 14, 296-305 (2012)

3장

1. 国立がん研究センターがん情報サービス, 最新がん統計(2019)
https://ganjoho.jp/reg_stat/statistics/stat/summary.html

2. 小高健, 世界で初めて人工発癌に成功. 近代日本の創造史4, 16-25(2007)

3. 「うさぎ追いし— 山極勝三郎物語」
http://usagioishi.jp/index.html

4. ノーベル財団受賞候補者データベース
https: //www. nobelprize. org/nomination/redirector/? redir=archive/show_people. php&id=8107

5. ノーベル財団受賞候補者データベース
   https: //www. nobelprize. org/nomination/redirector/? redir=archive/show_people. php&id=10342

6. Rous, P., A sarcoma of the flow transmissible by an agent separable from rhe tumor cells. *Journal of Experimental Medicine* 13, 397-411 (1911)

7. Baltimore, D., RNA-dependent DNA polymerase in virions of RNA tumour viruses. *Nature* 226, 1209-1211 (1970)

8. Temin, H.M. & Mizutani, S., RNA-dependent DNA polymerase in virions of Rous sarcoma virus. *Nature* 226, 1211-1213 (1970)

9. 水谷哲, 逆転写酵素の発見からノーベル賞受賞まで. 蛋白質核酸酵素39, 1686-1688(1994)

10. Takahashi, K. et al., Induction of pluripotent stem cells from mouse embryonic and adult fibroblast cultures by defined factors. *Cell* 126, 663-676 (2006)

11. Goldfarb, M. et al., Isolation and preliminary characterization of a human transforming gene from T24 bladder carcinoma cells. *Nature* 296, 404-409 (1982)

12. Parada, L.F et al., Human EJ bladder carcinoma oncogene is homologus of harvey sarcoma virus ras gene. *Nature* 297, 474-478 (1982)

13. Taparowsky, E. et al., Activation of the T24 bladder carcinoma transforming gene is linked to a single amino acid change. *Nature* 300, 762-765 (1982)

14. Nowell, P. et al., A minute chromosome in human chronic granulocytic leukemia. *Science* 132, 1497 (1960)

15. Rowley, J.D., A new consistent chromosomal abnormality in chronic myelogenous leukaemia identified by quinacrine fluorescence and Giemsa staining. *Nature* 243, 290-293 (1973)

16. Knudson, A.G. Jr., Mutation and cancer: statistical study of retinoblastoma. *Proceedings of the National Academy of Sciences of the United States of America* 68, 820-823 (1971)

17. Cavenee, W.K. et al., Expression of recessive alleles by chromosomal mechanisms in retinoblastoma. *Nature* 305, 779-784 (1983)

18. Friend, S.H. et al., A human DNA segment with properties of the gene that predispose to retinoblastoma and osteosarcoma. *Nature* 323, 643-646 (1986)

19. Bianconi, E. et al., An estimation of the number of cells in the human body.

참고 문헌

Annals of Human Biology 40, 463-471 (2013)

20. Kinzler, K. W. et al., Identification of FAP locus genes from chromosome 5q21. *Science* 253, 661-665 (1991)

21. Yamamoto, N. et al., Unique cell lines harbouring both Epstein-Barr virus and adult T-cell leukaemia virus, established from leukaemia patients. *Nature* 299, 367-369 (1982)

22. Blackburn, E.H. et al., A tandemly repeated sequence at the termini of the extrachromosomal ribosomal RNA genes in Tetrahymera. *Journal of Molecular Biology* 120, 33-53 (1978)

23. Angelina Jolie Pitt, Diary of a Surgery. The New York Times, 2015. 3. 24
https://www.nytimes.com/2015/03/24/opinion/angelina-jolie-pitt-diary-of-a-surgery.html

24. Angeina Jolie, My medical choice. The New York Times, 2013. 5. 14
https://www.nytimes.com/2013/05/14/opinion/my-medical-choice.html

25. Ishida, Y. et al., Induced expression of PD-1, a novel member of immunoglobulin gene superfamily, upon programmed cell death. *EMBO Journal* 11, 3887-3895 (1992)

26. Okazaki, T. et al., A rheostat for immune responses: the unique properties of PD-1 and their advantages for clinical application. *Nature Immunology* 14, 1212-1218 (2013)

4장

1. 厚生労働省, 「日本人の食事摂取基準」(2015年版)
https://www.mhlw.go.jp/stf/houdou/0000041733.html

2. Ignarro, L.J. et al., Endothelium-derived relaxing factor produced and released from artery and vein is nitric oxide. *Proceedings of the National Academy of Sciences of the United States of America* 84, 9265-9269 (1987)

3. Palmer, R.M. et al., Nitric oxide release accounts for the biological activity of endothelium-derived relaxing factor. *Nature* 327, 524-526 (1987)

4. Kangawa, K. et al., Purification and complete amino acid sequence of alpha-human atrial natriuretic polypeptide (alpha-hANP). *Biochemical and Biophysical research Communications* 118, 131-139 (1984)

5. Hetherington, A.W., The spontaneous activity and food intake of rats with hypothalamic lesions. *American Journal of Physiology* 136, 609-617 (1942)

6. Anand, bk. et al., Hypothalamic control of food intake in rats and cats. *Yale Journal of Biology and Medicine* 24, 123-140 (1951)

7. Hervey, G.R, The effects of lesions in the hypothalamus in parabiotic rats. *Journal of Physiology* 145, 336-352 (1959)

8. Kennedy, G.C., The role of depot fat in the hypothalamic control of food intake in the rat. *Proceedings of the Royal Society London B Biological Sciences* 140, 578-596 (1953)

9. Oomura, Y. et al., Glucose and osmosensitive neurones of the rat hypothalamus. *Nature* 222, 282-284 (1969)

10. Coleman, D.L. et al., Effects of parabiosis of normal with genetically diabetic mice. *American Journal of Physiology* 217, 1298-1304 (1969)

11. Coleman, D.L., Effects of parabiosis of obese with diabetes and normal mice. *Diabetologia* 9, 294-298 (1973)

12. Zhang, Y. et al., Positional cloning of the mouse obese gene and its human homologue. *Nature* 372, 425-432 (1994)

13. Campfield, L.A. et al., Recombinant mouse OB protein: evidence for a peripheral signal linking adiposity and central neural networks. *Science* 269, 546-549 (1995)

14. Maffei, M. et al., Leptin levels in human and rodent: measurement of plasma leptin and ob RNA in obese and weight-reduced subject. *Nature Medicine* 1, 1155-1161 (1995)

15. Montague, C.T. et al., Congenital leptin deficiency is associated with severe early-onset obesity in human. *Nature* 387, 903-908 (1997)

16. Kojima, M. et al., Ghrelin is a growth-hormone-releasing acylated peptide from stomach. *Nature* 402, 656-660 (1999)

17. Oya, M. et al., The G protein-coupled receptor family C group 6 subtype A (GPRC6A) receptor is involved in amino acid-induced glucagon-like peptide-1 secretion from GLUTag cells. *Journal of Biological Chemistry* 288, 4513-4521 (2013)

18. Harada, K. et al., Lysophosphatidylinositol-induced activation of the cation channel TRPV2 triggers glucagon-like peptide-1 secretion in enteroendocrine L cells. *Journal of Biological Chemistry* 292, 10855-10864 (2017)

19. Turnbaugh, P. et al., An obesity-associated gut microbiome with increased capacity for energy harves. *Nature* 444, 1027-1031 (2006)

20. Turnbaugh, P. et al., A core gut microbiome in obese and lean twins. *Nature* 457, 480-484 (2009)

21. Ridaura, V.K. et al., Gut microbiota from twins discordant for obesity modulate metabolism in mice. *Science* 341, 1241214 (2013)

22. Tolhurst, G. et al., Short-chain fatty acids stimulate glucagon-like peptide-1 secretion via the G-protein-coupled receptor FFAR2. *Diabetes* 61, 364-371 (2012)

23. Harada, K. et al., Bitter tastant quinine modulates glucagon-like peptide-1 exocytosis from clonal GLUTag enteroendocrine L cells via actin reorganization. *Biochemical and Biophysical Research Communications* 500, 723-730 (2018)

24. Harada, K. et al., Bacterial metabolite S-equol modulates glucagon-like peptide-1 secretion from enteroendocrine L cell line GLUTag cells via actin polymerization. *Biochemical and Biophysical Research Communications* 501, 1009-1015 (2015)

25. Lauritzen, H.P. et al., Contraction and AICAR stimulate IL-6 vesicle depletion from skeletal muscle fibers in vivo. *Diabetes* 62, 3081-3092 (2013)

26. Ellingsgaard, H. et al., Interleukin-6 enhances insulin secretion by increasing glucagon-like peptide-1 secretion from L cells and alpha cells. *Nature Medicine* 17, 1481-1489 (2011)

27. Myers, R.W. et al., Systemic pan-AMPK activator MK-8722 improves glucose homeostasis but induces cardiac hypertrophy. *Science* 357, 507-511 (2017)

28. Cokorinos, E.C. et al., Activation of skeletal muscle AMPK promotes glucose disposal and glucose lowering in non-human primates and mice. *Cell Metabolism* 25, 1147-1159 (2017)

29. Donaldson, Z.R. et al., Oxytocin, vasopressin, and the neurogenetics of sociality. *Science* 322, 900-904 (2008)

30. Insel, T.R. et al., Patterns of brain vasopressin receptor distribution associated with social organization in microtine rodents. *Journal of Neuroscience* 14, 5381-5392 (1994)

31. Insel, T.R. et al., Oxytocin receptor distribution reflects social organization in monogamous and polygamous voles. *Proceedings of the National Academy of Sciences of the United States of America* 89, 5981-5985 (1992)

302

32. Lim, M.M. et al., Enhanced partner preference in a promiscuous species by manipulating the expression of a single gene. *Nature* 429, 754-757 (2004)

33. Wang, H. et al., Histone deacetylase inhibitors facilitate partner preference formation in female prairie voles. *Nature Neuroscience* 16, 919-924 (2013)

34. Eng, J. et al., Isolation and characterization of exendin-4, an exendin-3 analogue, from heloderma suspectum venom. Further evidence for an exendin receptor on dispersed acini from guinea pig pancreas. *Journal of Biological Chemistry* 267, 7402-7405 (1992)

5장

1. Ramachandran, V.S., Behavioral and magnetoencephalographic correlates of plasticity in the adult human brain. *Proceedings of the National Academy of Sciences of the United States of America* 90, 10413-10420 (1993)

2. Ramachandran, V.S. et al., Synaesthesia in phantom limbs induced with mirrors. *Proceedings of the Royal Society B, Biological Sciences* 263, 377-386 (1996)

3. Gaetz, W. et al., Massive cortical reorganization in reversible following bilateral transplants of the hands: evidence from the first successful bilateral pediatric hand transplant patient. *Annals of Clinical and Translational Neurology* 5, 92-97 (2017)

4. Eisenberger, N.I. et al., Does rejection hurt? An FMRI study of social exclusion. *Science* 302, 290-292 (2003)

5. Takahashi, H. et al., When your gain is my pain and your pain is my gain: Neural correlates of envy and schadenfreude. *Science* 323, 937-939 (2009)

6. Dutton, D.G. et al., Some evidence for heightened sexual attraction under conditions of high anxiety. *Journal of Personality and Social Psychology* 30, 510-517 (1974)

7. Schachter, S. et al., Cognitive, social, and physiological determinants of emotional state. *Psychological Review* 69, 379-399 (1962)

8. Cho, K., Chronic "jet lag" produces temporal lobe atrophy and spatial cognitive deficits. *Nature Neuroscience* 4, 567-568 (2001)

9. Ströhle, A. et al., The acute antipanic and anxiolytic activity of aerobic exercise in patients with panic disorder and healthy control subjects. *Journal of Psychiatric Research* 43, 1013-1017 (2009)

10. Nibuya, M. et al., Regulation of BDNF and trkB mRNA in rat brain by chronic electroconvulsive seizure and antidepressant drug treatments. *Journal of Neuroscience* 15, 7539-7547 (1995)

11. Erilsson, P.S. et al., Neurogenesis in the adult human hippocampus. *Nature Medicine* 4, 1313-1317 (1998)

12. Snyder, J.S. et al., Adult hippocampal neurogenesis buffers stress responses and depressive behaviour. *Nature* 476, 458-461 (2011)

13. Neeper, S.A et al., Physical activity increase mRNA for brain-derived neurotrophic factor and nerve growth factor in rat brain. *Brain Research* 726, 49-56 (1996)

14. Bowen, K.K. et al., Adult interleukin-6 knockout mice show compromised neurogenesis. *Neuroreport* 22, 126-130 (2011)

15. Wrann, C.D. et al., Exercise induces hippocampal BDNF through a PGC-1α/ FNDC5 pathway. *Cell Metabolism* 18, 649-659 (2013)

16. Rizzolatti, G. et al., Premotor cortex and the recognition of motor actions. *Cognitive Brain Research* 3, 131-141 (1996)

17. Oberman, L.M. et al., EEG evidence for mirror neuron dysfunction in autism spectrum disorders. *Cognitive Brain Research* 24, 190-198 (2005)

18. Dapretto, M. et al., Understanding emotions in others: mirror neuron dysfunction in children with autism spectrum disorders. *Nature Neuroscience* 9, 28-30 (2006)

19. Yamasue, H. et al., Effect of intranasal oxytocin on the core social symptoms autism spectrum disorders. a randomized clinical trial. *Molecular Psychiatry* doi: 10. 1038/s41380-018-0097-2 (2018)

20. Buffington, S.A. et al., Microbial reconstitution reverse maternal diet-induced social and synaptic deficits in offspring. *Cell* 165, 1762-1775 (2016)

21. Sgritta, M. et al., Mechanisms underlying microbial-mediated changes in social behavior in mouse models of autism spectrum disorder. *Neuron* 101, 246-259 (2019)

22. Matsuzaki, M. et al., Dendritic spine geometry is critical for AMPA receptor expression in hippocampal CA1 pyramidal neurons. *Nature Neuroscience* 4, 1086-1092 (2001)

23. Silva, A.J. et al., Impaired spatial learning in alpha-calcium-calmodulin kinase Ⅱ mutant mice. *Science* 257, 206-211 (1992)

24. Silva, A.J. et al., Deficient hippocampal long-term potentiation in alpha-calcium-calmodulin kinase Ⅱ mutant mice. *Science* 257, 201-206 (1992)

25. Liu, X. B. et al., Switching of NMDA receptor 2A and 2B subunits at thalamic and cortical synapses during early postnatal development. *Journal of Neuroscience* 24, 8885-8895 (2004)

26. Tsien, J.Z. et al., The essential role of hippocampal CA1 NMDA receptor-dependent synaptic plasticity in spatial memory. *Cell* 87, 1327-1338 (1996)

27. Tang, Y.P. et al., Genetic enhancement of learning and memory in mice. *Nature* 401, 63-69 (1999)

28. Rampon, C. et al., Enrichment induces structural changes and recovery from nonspatial memory deficits in CA1 NMDAR1-knockout mice. *Nature Neuroscience* 3, 238-244 (2000)

29. Arai, J.A. et al., Transgenerational rescue of a genetic defect in long-term potentiation and memory formation by juvenile enrichment. *Journal of Neuroscience* 29, 1496-1502 (2009)

30. Petrij, F. et al., Rubinstein-Taybi syndrome caused by mutation in the transcriptional co-activator CBP. *Nature* 376, 348-351 (1995)

31. Oike, Y. et al., Truncated CBP protein leads to classical Rubinstein-Taybi syndrome phenotypes in mice: implications for a dominant-negative mechanism. *Human Molecular Genetics* 8, 387-396 (1999)

32. Alarcón, J.M. et al., Chromatin acetylation, memory, and LTP are impaired in CBP+/- mice: a model for the cognitive deficit in Rubinstein-Taybi syndrome and its amelioration. *Neuron* 42, 947-959 (2004)

33. Goare, A. et al., Segregation of a missense mutation in the amyloid precursor protein gene with familial Alzheimer's disease. *Nature* 349, 704-706 (1991)

34. Holmes, C. et al., Long-term effects of Abeta42 immunisation in Alzheimer's disease: follow-up of a randomised, placebo-controlled phase I trial. *Lancet* 372, 216-223 (2008)

35. Soeda, Y. et al., Toxic tau oligomer formation blocked by capping of cysteine residues with 1, 2-dihydroxybenzene groups. *Nature Communications* 6, 10216 (2015)

36. Holth, J.K. et al., The sleep-wake cycle regulates brain interstitial fluid tau in mice and CSF tau in humans. *Science* 363, 880-884 (2019)

37. Readhead, B. et al., Multiscale analysis of independent Alzheimer's cohorts finds disruption of molecular, genetic, and clinical network by human herpesvirus. *Neuron* 99, 64-82 (2018)

38. Dominy, S.S. et al., Porphyromonas gingivalis in Alzheimer's disease brains: Evidence for disease causation and treatment with small-molecule inhibitors. *Science Advance* 5, eaau3333 (2019)

39. Lourenco, M.V et al., Exercise-linked FNDC5/irisin rescues synaptic plasticity and memory defect in Alzheimer's models. *Nature Medicine* 25, 165-175 (2019)

참고 도서

Jane B. Reece, Michael L. Cain, Lisa A. Urry, Steven A. Wasserman 지음, 전상학 옮김, 『캠벨 생명과학 11판』, 바이오사이언스, 2019.

V.S. 라마찬드란 지음, 신상규 옮김, 『라마찬드란 박사의 두뇌 실험실』, 바다출판사, 2015.

V.S. 라마찬드란 지음, 이충 옮김, 『뇌는 어떻게 세상을 보는가』, 바다출판사, 2016.

사쿠라이 다케시 지음, 장재순 옮김, 『수면의 과학』, 을유문화사, 2018.

사토 겐타로 지음, 서수지 옮김, 『세계사를 바꾼 10가지 약』, 사람과나무사이, 2018.

안데르스 한센 지음, 김성훈 옮김, 『뇌는 달리고 싶다』, 반니, 2019.

이케가야 유지 지음, 이규원 옮김, 『교양으로 읽는 뇌과학』, 은행나무, 2015.

이케가야 유지 지음, 이규원 옮김, 『단순한 뇌 복잡한 나』, 은행나무, 2012.

이토 히로시 지음, 윤혜원 옮김, 『뭐든지, 호르몬!』, 계단, 2016.

제임스 D.왓슨 지음, 최돈찬 옮김, 『이중나선』, 궁리출판, 2019.

제임스 D.왓슨, 앤드루 베리 지음, 이한음 옮김, 『DNA : 유전자혁명 이야기』, 까치(까치글방), 2017.

존 레이티, 에릭 헤이거먼 지음, 이상헌 옮김, 『운동화 신은 뇌』, 녹색지팡이, 2009.

케빈 데이비스 지음, 우정훈·박제환 옮김, 『$1,000 게놈』, MID 엠아이디, 2011.

프랜시스 콜린스 지음, 이정호 옮김, 『생명의 언어』, 해나무, 2012.

藤田恒夫, 『腸は考える』, 岩波新書, 1991.

理化学研究所脳科学総合研究センター編, 『脳研究の最前線(上·下)』, 講談社ブルーバックス, 2007.

馬場錬成, 『大村智』, 中央公論新社, 2012.

北口哲也·塚原伸治·坪井貴司·前川文彦, 『みんなの生命科学』, 化学同人, 2016.

石田三雄, 『ホルモンハンター』, 京都大学学術出版会, 2012.

石浦章一,『生命に仕組まれた遺伝子のいたずら』, 羊土社, 2006.

岸本忠三・中嶋彰,『現代免疫物語』, 講談社ブルーバックス, 2007.

櫻井武,『食欲の科学』, 講談社ブルーバックス, 2012.

伊藤裕,『腸!いい話』, 朝日新書, 2011.

斎藤博久,『アレルギーはなぜ起こるか』, 講談社ブルーバックス, 2008.

仲野徹,『エピジェネティクス』, 岩波新書, 2014.

太田邦史,『エピゲノムと生命』, 講談社ブルーバックス, 2013.

黒木登志夫,『がん遺伝子の発見』, 中公新書, 1996.

Brenda Maddox,『Rosalind Franklin: The Dark Lady of DNA』, Harper Perennial, 2013.

Jean Dausset,『Clin d' oeil à la vie : La grande aventure HLA』, Odile Jacob, 1998.

Jessica Wapner,『The Philadelphia Chromosome』, The Experiment, 2014.

Maurice Wilkins,『The third man of the double helix』, Oxford Univ Pr on Demand, 2005.

Nathalia Holt Ph.D.,『Cured: The People Who Defeated HIV』, Plume Books, 2015.

Nessa Carey,『 The Epigenetics Revolution』, Columbia Univ Pr, 2012.

Robert Bazell,『 Her-2』, Random House Value Pub, 1998.

Royston M. Roberts,『Serendipity: Accidental Discoveries in Science』, John Wiley & Sons, 1989.

Walter B. Gratzer,『Eurekas and euphorias』, Oxford Univ Pr on Demand, 2002.